30個職場實戰錦囊，晉升迅速、溝通不心累

識人攻略

人際關係洞察家
熊太行／著

suncolor
三采文化

推薦序

柳暗花明又一村

——《羅輯思維》與「得到」APP創始人／**羅振宇**

熊太行老師總是能把人從困惑中撈出來。

這本書主要幫大家解決兩個困惑：他想幹什麼？我該怎麼辦？

幾乎每個人都曾經或者正受困於他人的言行，臨場之時，檢索腦中學過的人際交往公式，發現自己總是「一學都會，一用就廢」。

熊老師捕捉到了大家的學習難點，所以寫了這本書。

《識人攻略：30個職場實戰錦囊，晉升迅速、溝通不心累》是「得到」APP「關係攻略」課程二〇二二年升級的部分，副標題叫「職場中的三十張臉」。我原以為有「關係攻略」和「職場關係課」兩門課程在前，熊老師已經把人際關係中的原則、公式、應用題全部講完了，看了對這三十種職場面孔的拆解才發現，實戰中的打法相當精妙。

當專案審批流程卡在財務人員那關時，對方公事公辦，死板地堅持流程，寸步不讓。難道是我平時得罪過財務人員，他要公報私仇？還是主管刻意刁難我，由財務人員來執行？

熊老師的看法是，公事公辦有真有假，放下情緒，減少懷疑。

確實，草木皆兵容易冤枉好人。當我們看懂了對方的處境，對對方惡意的猜疑會隨之減少，人也會變得平和。

類似的職場面孔在這本書裡有三十個，分門別類，「正常」的、耍手段的、反常的，一目了然。

愛講大道理的人，有真君子也有假道學；冷淡、不愛理人的傢伙，有的是害羞，有的是害人；赤裸裸談利益的人，做同事可以，做下屬不行。

熊老師從淺層社交入手進行分析，讓每個讀者都能像孫悟空一樣，看清楚每一種職場面孔背後到底是什麼樣的人。

他不但教你識破職場上常見的三十種人格面具，而且耐心梳理每個面具背後的動機，進一步給出行動建議。

他授之以魚，也授之以漁。

教授社交技巧是這本書的明線，這本書還有一條暗線，那就是如何與不同性格的好人做朋友。

我們既要防備壞人，也要善待好人。

孫悟空和豬八戒互相看不順眼，老愛拌嘴，但他們兩個都認同西天取經的目標，知道趕路要緊，這一點足以讓他們團結、交心，他們就是兄弟。

孫悟空和菩薩、唐僧一樣，都保護好人、降妖伏魔，因此孫悟空能夠信賴這兩位上司。

好人之間也要調低對對方的期待，孫悟空知道土地公只能指指路、講講妖怪的來歷，所以遇到大事不找他，遇到小事就問問他。

職場上對待八戒、唐僧、菩薩和土地公這些不同的人，也要採用不同的策略。

熊老師這本書裡講的識人策略，和過往講過的所有策略有一個共同之處——先進行識別，再決定「攻守策略」。

我們要識別傷害，也要識別保護與助力。在這本書的引領之下，堅守善的底線，你在臨場應對時會變得十分篤定，既能識破對方的「糖衣炮彈」，也能避免錯判好人。

人生道阻且長，看完這本有術也有道的書，相信你會變得更溫柔，也會變得更加強大。

作者序

送你一雙火眼金睛

我非常喜歡《西遊記》，作為一個出生於二十世紀八〇年代的中國人，我和孫悟空這個形象一起長大。猴哥神通廣大，會七十二變、騰雲駕霧，有三頭六臂，能刀槍不入。

童年的我們都喜歡這些最熱鬧、最花哨的技能，直到中年再看孫悟空，才明白他最有價值的不是這些厲害的本事，而是他的那些經驗、閱歷，也就是我們常說的「火眼金睛」。

孫悟空看人好厲害！

瞄一眼姑娘、老頭兒、老太太，就知道是妖怪假扮的；一見到公主，就知道她是假的；看到女王陛下，就知道她心腸不壞，就是有點花痴，非要和師父談感情。

他是怎麼做到的？

可能你會說，因為他是神仙，自然神通廣大。這還真不對，孫悟空識人的本事，是在幾百年裡慢慢修煉出來的。

他說服猴子們，成了他們的王；他搖著木筏子過海，在人海中流浪；他學人說話、穿衣，講禮貌；他說服須菩提祖師，成了其弟子；他哀求觀世音菩薩，把他從五行山下放出來。

走上取經之路後，孫悟空一點點地修煉自己處理人際關係的能力。他委曲求全，變得圓滑了，師父說要救老鼠精，那就救吧；他學會了求助別人，師父趕他走，他不回花果山了，而是去菩薩那裡尋求支持；他對那些摸魚的同事也更客氣了，不再把八戒哄進妖怪嘴裡，而是利用八戒願意出力氣、幹重活的特點，讓其去下水、去開路……

孫悟空知道誰能幫他、誰能修理他、誰能救他，也知道誰是敵人、誰是對手，誰可以爭取、誰是盟友。

每一張湊過來的臉，他看一看，就知道對方是什麼角色；每一陣刮過來的風，他聞一聞，就知道對方是哪路邪祟。

誰不想有孫悟空這樣的火眼金睛呢！尤其是在職場上，魑魅魍魎實在太多了！有的人一張笑臉，笑裡藏刀；有的人看起來鐵面無私，背地裡全是陰謀詭計；有的人一張口就是大道理，背地裡卻打著小算盤。

認清敵人、看準目標，金箍棒才能打下去，三頭六臂才有施展餘地。

我二〇一六年十二月開始在「得到」APP上更新「關係攻略」，現在這門課程已經有超過二十萬付費用戶，算上分享、傳閱的，應該已經幫了上百萬人。我講了很多人際關係方面的知識點，把它們掰開揉碎，希望能幫大家更好地理解、吸收。但還是有讀者朋友說，「熊老師，學完的當下感覺自己會了，但是一到用的時候就想不起來」。

我仔細研究了一下，跟很多讀者聊過之後，明白了問題所在。我雖然在課程中拆解了人際關係的場景，但是現實中的人際關係，尤其是最難處理的衝突，需要的是快速應對。

復盤衝突場景的時候，我們使用的是全景、全能、全知的「上帝視角」，但在發生衝突的當下，每個人都是第一人稱模式。

在這種模式下，我們需要識別和應對的，是一張張的人臉。你必須透過眼前的這張臉快速判斷出這個人是敵是友，什麼來意，他的表情和言語背後隱藏的真實目的是什麼。

衝突的快速應對之道，就是看臉識人。這本書就是教大家快速識別、快速應對，就像拳擊手的實戰練習，一旦形成了肌肉記憶，對手一拳過來，根本不需要思考，身體就能直接做出回應。

這本書是人際關係的堂堂之陣，它能幫你避開一切耳目、心機和詭計，一點也不會有損你書架的格調，也請你大方地把它推薦給你的親戚、朋友，讓他們也能從中獲得力量，練就屬於自己的「火眼金睛」。

CONTENTS

Part 1 「正常」的人——細心區分其中的反常行為

Part
2
愛耍手段的人——熟練掌握應對之道

Part
3
反常的人——先不要被激怒，再反制

Part 4 複雜的人——如何與多變的人相處？

Part 5

友善的人——不妨試試和這些人接近

特別收錄

職場人際應對Q&A

Part 1

「正常」的人

細心區分其中的反常行為

看似正常的面具後面，
不一定是正常的人，
把反常之人從正常的面具後面認出來，
是職場上的自保之道。

公事公辦的人

——如何對付職場上的推託者？

你可能遇到過這樣的場景，一個原本熟悉的同事，而且你覺得你倆關係還不錯，但有時在工作對接的時候，對方突然就用公司裡的規章制度卡你。

「哎呀，不行，你這個合約裡的條款不符合我們公司的規定。」

「你這個報銷沒有走正常流程。」

「付款的流程有問題，我們公司沒有類似的先例，我不能簽字。」

曾經有人就遇到過這樣的事，她跟我說：

「之前那個大姐和藹可親，還經常跟我有說有笑的，突然她搬出規章制度，板起臉來不認人了，把我訓了一頓。我看著她的臉，覺得人性真的太複雜，一個人怎麼可能有兩張臉？她的哪一張臉是真的？我回到自己的座位上，一下子就哭了出來。」

情緒崩潰回到自己座位上哭，肯定是會影響工作的，也是不夠專業、不夠成熟的表現。但是，突然遇到熟人擺出一張公事公辦、鐵面無私的臉，感到驚訝也在情理之中。如果對方態度再粗暴一點，別說職場新人，就算是深受尊重的「老江湖」，可能也會大受打擊。

那麼，這些人真的像看上去的那樣大公無私嗎？應該如何對付這種公事公辦的人呢？

什麼是公事公辦？

首先我想請你思考一件事：什麼是公事公辦？

公和私，就是從誰的利益出發來做決定。

一個人如果從公司的利益出發來行事、來做決定，他就是公辦；如果他是考慮了個人或者小團體的利益來做決定，那他就是出於私心。

很多人可能會覺得，在字句上挑毛病、抱著規章找瑕疵，這不就是認真負責、大公無私嗎？其實不是。因為即使是再刻板的制度、要求再嚴格的公司或者其他團體，在現實中也會給辦事人員一些自由裁量權。如果一個職位完全沒有任何權限，那他一定會很快被機器或者軟體系統所取代。

不過，任何自由裁量權都伴隨著風險，因為不同的選擇會帶來不同的結果，你無法保證每個選擇都能帶來好的結果。

對於公司來說，一定希望每個員工都能利用自己的智慧和經驗，在職權範圍內做出最有利於公司的決定。但是，對員工個人來說，他們則傾向於把每一件工作的風險都降到最低，以免自己受到損失。

這裡就需要引入「利益接合部」這個概念了，其實就是雙方之間的利益縫隙。事物需要接合的部分往往是其最薄弱之處，就像鞋子容易壞的地方，一般都是鞋底和鞋面的接合處。雙方的利益接合部愈大，利益一致的地方愈少。反之，如果雙方的利益接合部愈小，共同利益愈多。

如果員工和公司之間的利益接合部太大，一件事有利於公司，但可能給員工自己帶來風險，那就有一部分人會用規章制度當擋箭牌，毫無作為。

許多看起來公事公辦的人，其實並不是大公無私，而是職場上的推託者。他們失去了對公司的忠誠，只是為了盡力保住自己的位置。

所以，當你在公司裡遇到「公事公辦」的人，並且碰了一鼻子灰的時候，別急著去貶損自己、反思錯誤。要先判斷一下對方到底是職場上的推託者，還是真的在公事公辦。

如果不去仔細鑑別，那你的應對很可能就是錯誤的。你可能會把一個值得合作的人變成你的敵人，也可能會把一個人品低劣、毫無擔當的人變成你的夥伴。

所以，一定要記住，職場上的「公事公辦」有真也有假。

學會判斷對方是不是推託者

怎麼去識別職場上的推託者和忠於職守的人呢？

區分兩者的重點是看對方有沒有擔當，也就是其對公司的忠誠度和責任感。

要檢驗出他們身上有沒有這種品質其實並不難。教你一個大招，叫做求助。

比如，你可以這樣問對方：

「那您覺得，我這個方案或者合約該怎麼改進呢？」

「有沒有類似的先例，能給我參考一下呢？」

一個真正為了公司利益考慮的人，是不會排斥幫助你改進工作的。但是，推託者則會因為事不關己，往往用一句「不知道」來拒絕你的求助。

不過，這裡會有一個小陷阱，需要你仔細識別，那就是他們表現出來的態度。

一個推託者可能是和風細雨打太極的高手，甚至是受同事歡迎的人。而一個忠於職守者可能態度上並不友善，尤其是當他理由充分，而且認為你的工作有所疏忽甚至別有用心的時候，他可能會特別粗暴。

所以，放下情緒，是成為職場上的成年人、成為職場「玩家」的前提。有些人一輩子都學不會放下情緒，在職場上是走不遠的。所有的情緒，都應該是你理智的工具，是你向別人施加影響的手段。

真正忠於職守的人，看到你的誠意求助或請教，一定會出手幫助，或者給一些提示的。

如果你極盡誠懇，對方就是不教你改進工作的方法，也不告訴你為什麼不行，只是一味地說「不知道」，那不用懷疑了，他就是一個推託者。

如何對付推託者？

你已經了解推託者和忠於職守者的區別，那麼如何對付職場中的推託者，能幫助你有效開展工作呢？

首先，你要知道，推託主要有四個原因：害怕擔責任、無利不起早、顯示存在感、給你下馬威。知道了原因，就可以對症下藥。

●推託主因一：害怕擔責任

應對第一種情況，面對推託者因為擔心有風險，不敢做決定的時候，你可以根據對方的顧慮，調整方案，完善方案的細則，做到讓對方無話可說。還有一種策略是，可以請對方的主管或者你的主管出面去協調。

●推託主因二：無利不起早

當遇到第二種情況時，很多人可能認為請對方吃飯，送禮給他就可以了。但是這種利益誘惑太直白，也太冒險，而且對方也未必看得上。

其實還有另外一個辦法，就是分享成績。如果一個專案可能帶來名聲或者業績上的好處，那讓對方分享成功的收益，然後再要求他承擔風險，就合情合理了。

推託者不是完全不願意承擔任何責任，很多人只是覺得為別人的事情冒險不值得，如果這件事成了他們業績的一部分，他們可能就會答應這件事。

當然，你要計算一下這些收益夠不夠分。有的時候要把事情做成，就得多拉進來一些人，尤其是那些你不拉他們就可能把事情搞砸的人。

●推託主因三：顯示存在感

而第三種情況，有些推託者的能力平平，為了保住自己的位置，顯示自己在努力，他們會盡可能地為難你，對你的工作指手畫腳。應對這些人，戴高帽子是最好的辦法，多去稱讚對方的專業性，讓對方高抬貴手。

●推託主因四：給你下馬威

最後，面對故意給你下馬威的推託者，我們又該如何應對呢？

有些人對職場的認識有偏差，往往把職場看成是權力場，遇到新的夥伴或者對接者，他們會試圖控制對方，給對方一個下馬威。這種人戰鬥力極強，而且不太講理，往往在你得理的時候，他還能講出歪理來。

對這種人要「兩條腿走路」❶，工作的時候，要據理力爭。對自己的工作可以做細微末節的調整，但一定不能順著他的意，拜倒在地。但是在工作之外，可以採用一些展露善意的小動作，比如送點小零食、小禮物，降低對方對你的攻擊性。

我們在現實中遇到的推託者，往往不是基於純粹的某一種原因，他們推託的原因可能包含我們剛剛講到的好幾種，這時也不要擔心，把一整套對策的組合拳打過去，就可以完美破解了。

❶兩條腿走路：原意是做事需兼顧兩方面的平衡。此處是指對於故意給人下馬威的推託者，要恩威並行。

重點精華

- 許多看起來公事公辦的人，其實不是大公無私，而是職場上的推託者。
- 當你第一次遇到公事公辦的人時，不要急著去激化矛盾，先採用求助策略，看清楚對方到底是一個忠於職守的人，還是一個推託者。
- 推託主要有四種原因：怕擔責、要利益、刷存在感、給下馬威。你要根據不同的原因，選擇單一或組合的應對辦法。

愛講大道理的人

——一定是穩重的忠臣嗎？

有這樣一種人，他們說出口的話好像都對，但是特別讓人掃興。別人都在嘻嘻哈哈的時候，只要他一出現，所有的玩笑、詼諧，都會煙消雲散。

前一秒還在插科打諢的各位同事，突然之間要麼低頭喝茶、要麼埋頭吃飯，如果人在座位上，就會拚命敲打鍵盤。為什麼氣氛一下子變得這麼凝重呢？因為一個愛講大道理的人，出現在了大家面前。工作之餘，這種人會給人極大的壓迫感。

不理他，好像是在孤立他，你覺得有失禮貌，但只要給他一個話題，那讓人窒息的大道理就會撲面而來。比如，你在跟同事聊明星的緋聞，他會說：

「你們聊的這種八卦，沒有什麼現實意義。」

你在跟同事抱怨家裡催婚，他會說：

「年輕人還是應該早點結婚，家庭是生活幸福中最重要的部分。」

聽得你尷尬得不行，感覺這個人太虛偽。但是，有的主管卻非常喜歡他，覺得他穩重、忠誠。這種人除了愛說教，似乎沒有什麼壞心眼，但相處起來又讓你覺得彆扭。那麼在職場上，該怎麼跟這種愛講大道理的人相處呢？他們到底是穩重的忠臣，還是狡猾的偽君子？

是方正君子還是德之賊也？

愛講大道理的通常是什麼樣的人，自古以來就有爭議。比如孔子曾經說過：「鄉愿，德之賊也。」

鄉愿，就是指貌似忠厚老實，其實虛偽透頂的人。孔子對這種用忠厚老實的外表來欺世盜名的人非常不屑。他認為，與其和這些為了討好世人，假裝道德高尚的鄉愿為伍，還不如結交幾個性格孤僻、高傲卻正直的人。

孔子提到的鄉愿，就長著一張愛講大道理的臉。這種人沽名釣譽，追求上司的喜歡和輿論的青睞。他們所有的言行，都是為了討好對自己最有利的人，並用道德去苛責其他人，道德綁架是他們的慣用伎倆。

但愛講大道理的人不一定都是鄉愿，現實生活中，一些人的性格比較單純、心智比較幼稚、成長環境比較單一，從小被家長管得比較嚴，也可能變成一個愛講大道理的人。

簡單地把所有愛講大道理的人都斥為虛偽者或者鄉愿，一定會錯怪好人。甚至，有些愛講大道理的人可能是正人君子，他們雖然愛講大道理，但講出來的道理自己都能嚴格遵守。

你可能會說，錯怪一兩個好人，也沒有什麼損失，畢竟我規避了接納壞人的風險。

如果對方是你的相親對象，或者是個路人甲，錯怪幾個人確實沒有什麼重大損失。但是，如果在職場上，尤其是在一些人員流動比較小的工作環境中，你跟對方經常要見面，這個時候，就必須對愛講大道理的人加以區分。

那麼，到底要怎麼區分呢？其實並不難。判斷一個人是敵是友，可不可交，關鍵不在於他怎麼說，而在於他怎麼做。不要無差別地把所有愛講大道理的人都當作偽君子，而要看他們具體的行為。

如果一個愛說教的人只是用道德來苛求別人，自己卻沒有什麼道德原則，這個人就是表裡不一。

講大道理是一種自保的手段

愛講大道理的人還有一種情況，那就是這個人戴著暫時性的社交面具。這個面具不是他的本來面目，而是他採取的一種生存策略。有兩種人可能會採取講大道理的方式來改善自己的處境，這兩種人在職場上混得都不算好。

●第一種：處境不佳而缺乏盟友

因為處境不佳而缺乏盟友的人，大道理是他最後的「鎧甲」，希望用規則來捍衛自己的利益。你可以想想，之前在職場上或者生活中遇到的人，有些人對別人的道德要求特別高，還喜歡張口講一些大道理，其實他的人際關係已經岌岌可危，很難得到別人的支持了。

●第二種：不擅長處理人際關係

這些人往往會覺得獲得身邊人的支持是一種負擔，也是一種損耗。他們喜歡說「我不擅長處理人際關係」。因為覺得社交是負擔，就希望用大道理來維護自己的利益。

無論是第一種還是第二種，以講大道理為生存策略的人，都是遇到了麻煩的人，和他們相處要特別注意。

尤其是第二種人，經常會做一些「幫理不幫親」的事情，擔心幫了朋友會連累自己，也擔心被朋友幫助而欠了別人的人情。

比如，電影《教父》中有一個殯儀館老闆，就是第二種人。這個殯儀館老闆遇到困難，沒有求助老教父，而是尋求美國法庭的保護。但他這麼做，並不是因為他相信只有用法律手段解決問題才是正確的，而是因為他不想欠教父人情。後來法庭沒能幫到他，他就果斷去求助教父了。

你看，即便嘴上說得冠冕堂皇，但講大道理的人，如果關心的不是道理本身正不正確，而是道理能不能維護自身的利益，那麼，道理對他們來說就只是一件工具，可以被替代。當不講道理更能實現這些人的利益時，他們就可能蠻不講理。

這些人大多數是弱者，他們的作法多少都有一些被動的苦衷，但下面這種愛講大道理的人，就不那麼被動了。

輸出價值觀是獲得權力的一種方式

職場中的另外一些人講大道理，是為了控制別人。這種角色往往處境比較好、地位比較高，在一個團體裡甚至可能會受人尊重。他們並不直接主張自己的利益，也沒有直接在職場上做決策的能力，但是他們透過對年輕同事輸出價值觀來獲得某些隱性的權力。

《編輯部的故事》❶裡有一位牛大姐，這個角色就是用講道理的方式來控制別人的高手。她心腸不算壞，但往往會直接粗暴地對年輕同事輸出價值觀，去評點他們的所作所為。用講大道理的方式來輸出價值觀，從而給他人造成輿論壓力，進而使別人按照自己的想法行動，或者在職場上對自己有所忌憚，就是這種角色打的如意算盤。

這種人一定會選擇批判身邊的人，而且是從一些無關緊要的小事入手。比如，他們會說「你這個年輕人的褲管太寬，髮色太黃，愛聽搖滾樂，愛吃肉不愛吃菜」等等。明明是個人偏好，他們卻要無限上綱、借題發揮，用大道理去壓你，成心想讓你不舒服。

為這點事情去跟他吵，他就會一副特別無辜的樣子：「哎呀，才這麼點小事你怎麼就著急了？」

如果你為了迴避爭吵，開始改變自己的行為習慣，那你就中了他的圈套。

他就是為了讓你在以後做出更重要的決定時，會不願意違逆他，不敢跟他起衝突。你改變自己看似無關緊要的生活細節，就是他獲得權力、對你實行掌控的開始。

這些人往往會把自己包裝成心直口快的人，常見的話術就是：「哎呀，你看我說話就是這麼直。」這話倒也不一定就是撒謊，因為有些人並不知道這麼做能控制別人。但是，他從小就從這樣的作法中獲得過好處，嘗到了甜頭，經年累月也就養成了習慣。

如何應對愛講大道理的人？

首先，對戲精[2]附體的偽君子，你要盡量避免被他抓住把柄，在道德上譴責你。

其次，對用講大道理的方式自保的人，要盡量避免成為他的同盟，不上「賊船」。但是，對性格幼稚、單純的好人或者正直純良的君子，可以用更寬容的心態與他們友好相處。

---

❶《編輯部的故事》是一部電視情境喜劇。

❷ 戲精：網路用語，指一個人很愛演、愛裝，想要藉此吸引他人注意或是達到某種目的。

最後，對那些習慣用大道理來控制別人的角色，要多提醒自己不要被他馴服，保持自我獨立性。

有的時候，遇到講大道理的面孔，確實很難忍住怒火，因為愛講大道理的人，話是又囉嗦又多。但還是請你控制一下自己，作為一個高階的關係修習者，你要對自己有更高的要求。大道理和小情緒，就像是職場上的槍林彈雨，與其畏懼不前或者暴起死磕❸，不如把精力聚焦在更值得關注的事情上。

我們在職場上更值得關注的是什麼？不是對方怎麼想，不是對方怎麼說，而是對方怎麼做，也就是行為。

猜對方怎麼想、氣惱對方的言語，都是職場人常犯的低級錯誤。試著收攏自己的注意力，考慮對方每個行動，尤其是每個和你相關的行動，對你是好是壞，才是採取下一步動作的關鍵。不要跟他在嘴上分勝負，而是要在事上見真章。

❸暴起死磕：指在怒氣攻心之下，決定跟對方作對到底的意思。

重點精華

◆ 愛講大道理的人可能令人掃興，但不一定有壞心。從他的言行是否一致去判斷好壞會更準確。言行一致的正人君子，可以好好相處。

◆ 言行不一致的人通常有三種：戲精上身的偽君子、處境不好的人，以及小題大作的控制狂。你要區別應對，重在提防。

◆ 不要跟愛講大道理的人爭論，把事情做好才是最好的作法。

有道德潔癖的人

——人品更值得信賴嗎？

在職場上或者日常生活裡跟別人談話時，可能都會遇到一個難點：如何選擇話題？如果只是日常寒暄，為了避開冒犯別人的風險，最保險的方式，當然就是聊聊天氣怎麼樣、哪家的拉麵比較好吃這類無關痛癢的話題。

但是，如果你需要和別人深入談話，或者打算跟別人一起合作，做點重要的事情，雙方需要建立信任關係，那就會牽涉到價值觀的交換。

你跟對方的話題會不可避免地涉及道德原則、公序良俗。你們需要觸碰這些話題來了解彼此、達成共識，進而判斷可不可以共處。

但是，有那麼一類人滿臉寫著道德潔癖，他們不想跟你深入交流，也不會試圖理解不同人的處境，而是熱衷於做簡單粗暴的道德評判。比如，金庸小說裡的滅絕師太就是這樣的人，她不關心張無忌和其他女性真正的關係是什麼，在她眼裡張無忌就是「魔教的淫徒」。

被這種人挑釁時，如果激烈反駁似乎顯得你沒有風度，但是不反駁又會讓人生悶氣，到底應該怎麼辦呢？這種人在道德上真的就更高尚嗎？

道德潔癖的本相是自誇者

有道德潔癖的人往往是自誇者。當然，愛聊道德話題的人，並不都是有道德潔癖的人，也有可能是學校裡教公民與道德或哲學的老師。

據我觀察，道德潔癖的人主要有下面幾個特徵：

喜歡批評世風日下；喜歡爭論並說服他人；喜歡用道德問題來解釋世界；強調自己的道德水準高於常人；把一些規則當作鐵律，並且隨時準備為此跟人翻臉。

自誇者談論道德話題的終極目的，不在於用交流尋求共識，而在於用言語打壓其他參與討論的人，顯得自己在道德上高人一等。

這種人的邏輯往往是：雖然社會很亂，但我這個人行得正、坐得端，所以我是個可以信賴的人。

自誇者並不真的關心社會風氣怎麼樣，他們的立論一般從「世風日下」開始，到標榜自己「獨善其身」結束。注意了，自誇者的目的是抬高自己，其他人的道德水準究竟怎麼樣，對他來說不重要。

自誇者是低成本甚至零成本偽造社交地位的高手，普通人為了獲得別人的好感，要麼會付出一些物質上的代價，要麼就是用實際行動來幫助別人。

自誇者不會為了自己標榜的道德原則付出實際的成本，他們只是透過強調自己道德高尚、嫉惡如仇，來獲得別人的青睞。簡單說就是，只想空手套白狼❶，動嘴皮子可以，但沒有實際行動。

除了追求道德上碾壓別人的優越感，他們往往還別有所圖。

查驗自誇者的試金石

我們日常談論的道德話題，這三種最多：關於錢的話題、關於兩性的話題和關於弱者的話題。這是大多數人都可以加入討論的話題，用一個成語來說，就是「下里巴人」❷，門檻很低。

討論一個人不應該逃稅、借錢應該還，明星應該尊重婚姻、遵守私德，應該對弱勢群體伸出援手，這都是日常生活中已經有了定論的正確話題。

普通人交流社會上的熱點話題，一般討論到這裡，就算是完成了表達和意見交換。但是自誇者到這裡還沒有完，他們一定還會把下面的話說出來：

我這個人在用錢上乾乾淨淨，我這個人在兩性方面潔身自好，我這個人對窮人的苦難無法視若無睹。

❶ 空手套白狼：沒有什麼付出就想撈到好處的欺騙手段。

❷ 下里巴人：指戰國時代楚國民間流行的一種歌曲，現泛指通俗易懂。

其實自誇者根本不比你高尚。他們塑造高尚人設，就是為了接下來的「傳道」行為。標榜是為了讓你信賴他的人品；而「傳道」，則是希望用他的道德框架來對你加以控制。

你可能會說：「他能控制我什麼呢？」

如果一個人可以影響你，讓你讀什麼書、看什麼電影、瀏覽什麼網站，那他對你的影響就不小了，這是一種社交層面上的控制。

如果他是你的同事，那你基本無法在職場上對抗他，只能追隨他的陣營；如果他是你的朋友，你就可能會陷入糟糕的投資陷阱，甚至直接把錢交給他、蒙受損失。

有些人可能會遇到這樣的情況，家裡的長輩受到哪個老姐妹的糊弄，被騙了很多錢，如果你有機會去看看那個糊弄人的人，通常都是誇耀自己人品、控制力量很強的自誇者。

不要輕視自誇者的天花亂墜，他們確實是帶著目的來的，要麼想要「收割」你的錢財，要麼想要控制你的生活，所以他們才有這麼強的戰鬥力。

自誇者的認知謬誤

當然，自誇者也不全是壞人。

我曾經和我的一位朋友談到過自誇者，他聽了之後覺得很沮喪，因為他覺得他的父母就是典型的自誇者，而他自己的身上也有自誇者的影子，覺得世界都要崩塌了。我趕緊跟他解釋：自誇者並不全是壞人。

不少自誇者其實是有認知謬誤的，他們也是可憐人。他們標榜自己，但也會為更強大的偶像所傾倒；他們想控制別人，但自己也被更強大的自誇者所征服。

認知上的謬誤，讓這部分自誇者長年處於蒙昧和混沌中，還為這種短視狀態沾沾自喜。他們認知上的謬誤主要有三個：道德泛化、封鎖討論和極端情緒。

●謬誤一：道德泛化

先說什麼是道德泛化。我們在工作和生活中遇到的許多問題，其實都不是道德問題，而是現實困難造成的利弊問題。

比如，有的人可能會選擇和年邁的父母三代同堂，有的人則可能和父母分開居住，有的老年人會選擇在養老機構生活。這不是道德問題，而是策略問題，簡單地認為不和父母一起居住，就是不孝，就是道德敗壞，這就是道德泛化。

還有的人把相信不相信傳統醫學、要不要哺餵母乳、給孩子穿多少衣服、男性讓不讓女同事坐副駕駛座、同事離婚、孩子撫養權歸屬等當作道德問題，這都是道德泛化的表現。

●謬誤二：封鎖討論

接下來，我們再來看看什麼是封鎖討論。自誇者往往拒絕一切討論，而是用一些看上去斬釘截鐵的結論來讓對方閉嘴，比如我就遇到過一位專注於勸人吃素的阿姨，她會直接對我說：「眾生都是你前世的父母，你吃動物的肉，就跟吃自己的父母一樣。」

我想跟她討論一下輪迴理論的時候，她拒絕了。因為她其實根本沒有讀過原典，不知道應該如何探討這個話題，她說話的那種氣勢就是為了迴避爭論，她沒想到這麼可怕的話居然還會有人回嘴。

●謬誤三：極端情緒

最後，我們再來看看極端情緒。一些自誇者往往會因為自己的「傳道」被忽視而感到憤怒，甚至譴責周圍的人。這就是為什麼很多有道德潔癖的人，人際關係都高度緊張。因為他們對自己標榜的東西太相信、太執迷，當他沒有在你那裡得到回應、沒有控制住你的時候，就會心生怨念，甚至情緒失控。

現實中，自誇者因為得不到呼應，就譴責普通人道德敗壞的例子比比皆是。

基於這三點特徵，我們應該怎麼跟自誇者相處呢？

對付自誇者的方法是什麼？

對付自誇者最好的策略就是，不遷就、不激惹和偶爾出頭。如果必須和他們社交的話，想完全迴避所有道德話題不太可能。

對道德問題的談論，點到為止就可以了。

如果你有一個自誇者同事，他在評論別人的時候，你沒必要加入他，最好一言不發。如果順著他的話說，會讓你在不自覺的情況下得罪人，這就是不遷就。

當然，你也沒有必要去指責對方的錯誤。他三十年沒有改變的習慣，不會因為你一句話就改變；所有真正的改變，都需要當事人自己去覺悟，而不是你的灌輸，這就是不激惹。

自誇者往往會對周圍的人都評頭論足一遍，發現誰厲害就忍住不碰，遇到誰軟弱就連續欺負。

當自誇者譴責到你頭上的時候，周圍的同事都在觀察你，你可以表達自己的態度。比如，你可以這樣回應：「我沒有和我的父母一起住，我有我的現實困難，我非常愛父母，也把他們的生活安排得很好，您這麼批評我，我覺得不夠公正。」用軟釘子回擊一下就可以，沒有必要加入太多的情緒去爭吵。

還有一種情況，是自誇者譴責到了對你非常重要的人頭上。

這種局面在大家族聚餐的時候居多。一個愛吹噓自己的親戚，可能會對你老實怯懦的父親進行一番譴責，這個時候就不要客氣，直接站出來回擊。有個說法，叫做打得一拳開，免得百拳來❸。

❸ 這句話意思是妥協讓步只會換來對方得寸進尺，不如早早擺出態度、正面迎擊，讓對方吃虧，免得後患無窮。

重點精華

◆ 有道德潔癖的人，其本相是自誇者。自誇者不打算跟人討論道德，而是透過貶低別人來抬高自己。

◆ 自誇者擅長用空手套白狼的方式建立社交地位，目的是控制別人，甚至損人利己。

◆ 跟自誇者交手要小心，不要順著自誇者的意思去說話，也不需要跟他們硬碰硬，當他們談到了原則性問題，表明你的態度就行。

面有難色的人

——能委託他辦事嗎？

你是否有過這樣的經歷：在職場上遇到了麻煩，比如一份很重要的審批文件需要推進，或者專案在關鍵時刻遇到阻礙。你想打聽點消息，也沒有多想，就向跟自己關係不錯的同事求助。你知道對方完全有能力幫你，本以為他會爽快答應，結果這個人支支吾吾，一臉為難的樣子。

其中有一些人還會努力尋找一個藉口來回應你，「對不起，我也愛莫能助，我現在還有點急事要處理……」，也有的人乾脆就玩消失，徹底沒了動靜。

面對這種一臉為難的人，你又急又氣，想著平時對他不錯，甚至曾經救他於水火之中，可在關鍵時刻他居然沒有向你伸出援手。

你覺得驚訝、憤怒，甚至開始自我懷疑：我是不是怠慢過他？不對，是我看錯人了吧？哎呀，我真傻。

這個人可能還很難絕交，未來還會出現在你的面前。等到你度過難關之後，他甚至還會來祝賀你，就像他從來沒有拒絕過你一樣。跟這樣的人，撕破臉覺得不好意思，但不撇清關係，又害怕哪一天被他在背後捅上一刀。

這種關鍵時刻出差錯，對你見死不救的關係還值得維持嗎？這種人拒絕對你施以援手是真有困難，還是藉口推託？在社交圈子裡保留這種人有沒有什麼風險？

面有難色的人，「真身」是什麼？

首先我們要明確一件事，在關鍵時刻拒絕援助你的人，不一定是要把你置於死地，這和主動陷害、背後捅刀的行為是不一樣的。

擺出一副為難面孔的人有兩個原因：

第一，他害怕你對面那個強大的敵人，不敢為你冒風險；第二，他捨不得手上的利益，不願意為你付出。

只有這兩個是真實的答案，其他的難處，都是虛偽的矯飾。臉色為難的人通常是怕事者和逐利者。他們不一定是你的敵人，但他們的「真身」一定是沒有擔當，或是只關心自己利益的人。接下來我就教你怎麼區分這兩種人，以及應該用什麼樣的策略應對他們。

如何對付怕事者？

通常來說，怕事的人性格偏保守，他們希望保住自己的位置，非常畏懼風險。他們不願意對你出手相助，不一定是不感激你過去對他們的好，而是他們認為如果幫了你，一定會觸犯規則或者得罪更強者，他們怕的是跟你一起完蛋。

怕事者有三個特點：見識少、能力弱和容易搖擺。

● 特點一：見識少

勇氣是在事情上歷練出來的，經歷的事情太少，操辦過的業務太少，專案規模太小，自然對自己沒有信心，沒有信心的人思慮就會很多。很多怕事者自己內心戲太多，和別人產生了誤會，最後耽誤了團隊的大事。

● 特點二：能力弱

能力弱的人，害怕丟掉工作或者某些機會。就會患得患失，不願意為朋友或盟友承擔任何一點風險。

● 特點三：容易搖擺

一個人性格上容易搖擺，那就很容易被對手說動。如果盟友或者下屬產生了動搖，就要考慮是不是有對手在暗地裡搞鬼，你可以直接問他有沒有，動搖的人一般都會吐露一點情況。

怕事者不是壞人，但是給你造成危險的不一定只有壞人。怕事者對不確定性特別敏感，當他猶豫不決的時候，盡量避免對他訴苦賣慘，因為他很可能會落跑。對這樣的人不妨嘗試更有信心、更強硬地交涉，讓他繼續留在自己的陣營中。

當然，盡量不要把寶押在一個人的人品上，要設置額外的保險。一個關鍵位置上的人倘若動搖，可能會讓你滿盤皆輸，正確的作法是在一些重要的位置和角色上，準備備選方案，讓人和人之間互相制衡、互相監督，留好後手。

記住，不用和怕事者對立，他的為難源於謹慎的風險決策，你要穩住他，避免帶來更多的隱患。

如何對付逐利者？

有些人不願意幫助你，是因為他不願意捨掉自己的一點點利益。逐利者在你面臨危機的時候表現出來的為難猶豫，往往是待價而沽。這種行為非常令人反感。

「漢初三傑」之一的名將韓信，就是一個典型的逐利者。劉邦和項羽爭奪天下，獨扛敵軍主力，韓信率領一支小軍隊進攻北方，打了很多勝仗。劉邦希望韓信來增援他的時候，韓信覺得自己的這支軍隊是政治資本，猶猶豫豫地告訴劉邦，自己要做假王（代理齊王）。

劉邦聽了韓信的「要價」，當時就破口大罵，被張良一把拉住，想起這個時候正需要韓信的忠誠，劉邦趕緊說：「當什麼假王，男子漢大丈夫要當就當真王！」就封了韓信做齊王，讓他儘快出兵。

韓信因為自己的利益跟劉邦討價還價，日後劉邦要動手法辦他的時候，一定不會忘記他脅迫自己的這一天。

逐利者的為難是假裝出來的，目的是趁亂向你索取高價。雖然氣人，但是目的明確，比較好對付。

不要跟逐利者鬥氣挑釁，儘快滿足他的物質利益，局面就可以轉危為安。至於日後如何處置逐利者，可以再看他的表現。

為什麼你會被他背叛？

對付怕事者和逐利者，雖然兩者在策略上有一定區別，但是如果你平時多做一些功課，是可以提早發現這兩種人的。

有人跟我說，自己每次被別人背叛，都是看走眼，愈是平時對他好的人，背叛起來愈厲害。這話沒錯，有句話叫做「慈母多敗兒」——一個母親如果過於寵溺兒子，不去給他立規矩、訂協議，孩子長大後就很容易變成一個渾小子。

對盟友、對下屬，也有類似的情況。如果你想要單純用利益來收買人心，讓別人對自己忠誠，那很有可能會慣出一個拿善意當軟弱、驕縱蠻橫的角色。

我曾經提到過，上司和下屬的關係，就應該像是指揮中心和太空站的關係，下屬要不斷地向上司匯報情況，而上司要給下屬各種支持。

風箏要高飛，人的手上就要握住線，如果不能讓對方感受到你的存在，你就真的不存在了。此外，如果你給人老好人的印象，對方就可能覺得你軟弱可欺，覺得這次就算得罪你也沒關係。

解決方案就是，在尊重對方的前提下恩威並施。過分壓制對方會讓下屬或者盟友口服心不服，最終背叛你，但是一味地忍讓討好，也會讓對方在關鍵時刻對你擺出一張為難的臉，要麼對你袖手旁觀，要麼向你漫天要價。

因此平時相處的時候要拿捏好分寸，既要用真心幫助對方以獲得好感，又要讓對方明白自己不是軟柿子，如果對方背叛你，他也會受損失。

職場上的社交想留有退路，既要友好相處也得立威，這樣才能降低被背叛的風險。

怕事者和逐利者還能用嗎？

等到危機過去，選擇權回到你手裡的時候，你該如何應對在關鍵時刻對你見死不救的人呢？這種人還能結交嗎？如果對方是你的下屬，還能用嗎？

答案是，當然能用。我說過，職場不是修羅場，而是秀場，職場上沒有生死對決。在許多公司裡，上級想解聘自己的下屬，要經過一定的程序；而在另一些部門，憑個人嫌惡解聘下屬也不大容易。如果你們是平級關係，那就更不用說了。在這種情況下，因為對方沒有對你施以援手就不再用他，或者與對方絕交，的確不太可行。

當然，要和這樣的人繼續合作，要注意這兩個原則：客氣而嚴厲，利用好背叛者負擔。先說客氣而嚴厲。我們在對付背叛者的時候，要注意使用態度這個工具。一場危機度過之後，要對和你同甘共苦、不離不棄的盟友更加親近，如果是你的下屬，要給他們更重要的擔子。要讓怕事者和逐利者感受到壓力，爭取更好的表現。

不分狀況地一視同仁不是公平，以正直與忠誠分清親疏遠近才是真正的公平。

把怕事者和逐利者放到對你最忠誠的人身邊，讓忠誠的人影響他們，防止他們搞小圈圈、傳閒話，這就是正確的用人方式。

再說一說背叛者負擔。大多數人都對背叛有負擔，背叛過你，就會對你心有芥蒂，能夠肆無忌憚背叛別人的人很少，有的人得罪了朋友會玩失蹤，就是因為背叛者負擔在作怪。

怕事者也好，逐利者也好，如果在關鍵時刻背叛、辜負了你，心中多少都有歉意。如果此時簡單粗暴地跟他絕交，這種歉意就不存在了。

相反，如果你表達對他的原諒，讓他覺得虧欠你，再有需要他幫助的時候，對方就更可能施以援手。

重點精華

- 面有難色的人通常有兩種類型：一種是怕事者，他們沒有擔當，不願意為你冒險；另一種是逐利者，他們趁火打劫，只顧自己的利益。
- 面對面有難色的人，你要穩住怕事者，並在不違背原則的情況下盡力滿足逐利者的需求，這樣就有可能獲得他們的幫助。
- 如果背叛已經發生，你還想繼續跟這類人合作，平時就要恩威並施；並把對你忠誠的人放在他們身邊，帶動他們；以及表示原諒，讓他們覺得虧欠你。

宣誓效忠的人
——會不會有背叛風險？

一個優秀的人在職場上，應該會有一些春風得意的時候。比如，剛剛被升遷，或者在全公司同事面前被表揚，又或者得到某個重要上級的賞識。這個時候，多半會有宣誓效忠的人飄然而至。

如果你剛入職場就嶄露頭角，他們會說：「你真的太棒了，少年才俊。」

如果你正值壯年，受到重用，他們會說：「您真的太優秀了，真不愧是我們部門的中流砥柱。」

如果你厚積薄發，大器晚成，他們會說：「真是太佩服您了，薑還是老的辣。」無論你是初出茅廬，還是老樹發新枝，這種人都會笑嘻嘻地迎上來。馬季先生的相聲裡就曾經塑造過一個這樣的角色，不管你怎麼謙虛，他都能把你捧上天。

捧完你之後，接下來他就會說明自己的來意：「以後還得請您多關照，有需要我幫忙的地方，隨時吩咐。」

這就是宣誓效忠的人，你不掌權、不走紅，就永遠看不見這種人；當你開始飛黃騰達的時候，這種人就會立刻來到你跟前。

曾經有人問我：「熊老師，應該怎麼對待這種人才好呢？如果我把這樣的人直接推開、攆走，對方是真小人也就算了，如果他是真心支持我，那可怎麼辦呢？」

自古以來，區分別人的忠誠是真是假，都是權力場上的難題。一個人嘴上說效忠你，但實際上可能並不打算真的為你效力。

那麼，怎樣才能知道宣誓效忠的人心裡的真實想法呢？這種人有沒有可能背叛你？如何應對這樣的人才算得體？下面我就講講，怎麼應對職場上那些宣誓效忠的人。

宣誓效忠的人有三類

在職場上，最重要的關係就是你和你主管的關係。這個主管說的是直屬主管，你最好不要越過直屬主管去向大主管表示忠誠，包括不直接管理你的副職高階主管。因為職場上的忠誠有排他性，隨便宣誓效忠很危險。所以，真正的忠誠，只應該存在於直接的上下級關係裡。明白了這一點，如何辨別效忠的人就很簡單了。

宣誓效忠的人通常有三種，以下就來詳細說說。

●第一種：諂媚者

這種人通常不是你的下屬，僅僅是因為級別比你低，就對你擺出一張效忠的面孔。為什麼說他們是諂媚的人呢？

這不是我的論斷，而是孔子的判斷。孔子曾經說過：「非其鬼而祭之，諂也。」這裡的鬼，說的是祖先，一個人若要祭祀別人家的祖先，那一定是想巴結、諂媚活著的人。

職場上的效忠宣言也是類似，你不是他的主管，他來巴結你、諂媚你，多半是為了日後讓你違背規章制度，給他行點方便，或者希望調入你的部門，弄個一官半職。

●第二種：為你效力者

這類人跟你在同一個部門裡，他們不一定是你的下屬，但是在你的保護之下，這些人的宣誓效忠，有祝賀和重申忠誠的意味。

●第三種：不好推測目的者

這類人比較特殊，他們可能是你之前的對手，是競爭中的失敗者，他們的宣誓效忠最難判斷真假。

一方面他們可能確實接受了你受提拔的事實，也表達了自己願意合作的態度。但是另一方面，他們可能在你地位動搖的時候，做出對你不利的事情。

效忠的話很順耳、很好聽，但宣誓效忠的人當中，只有效力的人是好人，諂媚的人和不好推測其目的的人，你都應該小心提防。

那麼，在具體的社交場合裡，應該如何對待這三種人呢？

對三種宣示效忠之人的區別策略

●策略一：如何對待諂媚者？

對這類人要做到禮貌、客氣，同時保持距離，觀察他下一步的行動。

如果他只是碰巧在這個場合，習慣性地吹捧你一下，那不用多慮。但如果之後他開始刻意接近你，並給你各種小便利、小好處，那就要保持警惕了。

這種人不會出於欣賞而對你好的，他一定打算從你這裡得到點什麼。你今天收他一點微不足道的好處，未來可能十倍、二十倍地償還。

對諂媚者的收買，可以盡量把對方的禮物、宴請推掉，實在推不掉的，要盡量還人情。還人情，北京話也叫「還鏰子」❶，今天吃飯你買單，那明天就我來花錢，你要是不答應，我下次就不跟你一起出來吃了，讓雙方保持互不相欠的狀態，這就是「還鏰子」，這是用禮貌的方式讓對方知難而退。

●策略二：如何對待為你效力者？

對這些人要盡量保持原狀。千萬不要隨便降低對方的職位或是他的待遇。即使你對這個人不滿意，也應該在過渡期結束之後再做處理。在自己剛剛被提拔、被重用的時候，每個支持者都是非常寶貴的。

當然，也不要對所有宣誓效忠的人都立刻分配好處，這對那些比較內向、渴望憑本事生存的成員不公平。這些人也是你需要合作和依靠的，而當你手上可以分配的資源有限，若為一個友善的態度就隨便給好處，未來辦事就困難了。

●策略三：如何對待不好推測目的者？

對這類人你要特別小心，光聽他怎麼說是沒用的，要儘快給他安排任務。要挑那種有點難度，但沒那麼關鍵的任務。

如果他真心決定做你的屬下，那一定會克服困難，在工作上表現出效率和活力來；如果是虛與委蛇，想要讓你失去警覺，那他一定會表現得懶散、低效，甚至還會抱怨。

用有點難度的任務來試探不好推測其目的的人，是自古以來的妙招。清兵剛入關時，就

---

❶原指清末不帶孔的小銅幣，今泛指小的硬幣。

讓明朝投降的將領來打頭陣，讓他們費力氣、傷實力，看其投降的態度是不是真的。

反觀明朝，過去招撫李自成、張獻忠這樣的起義軍，都把這些人當老爺供著，給他們的壓力很少，結果有些人很快又反叛了。

作為被效忠者，你有考驗效忠者的特權，用任務考驗對方的效忠是不是真的。這種考驗，就是「交投名狀」，這不是欺負或者為難對方，而是確認雙方關係的必要環節。

別擔心下屬可能因此跑路。下屬會因為你不公正的待遇離開，但通常不會因為你給了有挑戰性的任務就離開。

不過，你真正應該關心的，其實不應該是那些宣誓效忠的人，這是為什麼呢？

注意力應該放在其他沉默者身上

有些下屬不會對你宣誓效忠，他們才更需要你的注意。然而，他們不宣誓效忠的理由可能很不一樣。

有的人可能不擅長在口頭上表達自己的忠誠；有的人則是因為鄙夷某個諂媚的人，所以刻意避免做同樣的事；還有一些人，他們脾氣桀驁，對哪個主管都不買帳。

這些人不來找你表忠心，選擇了保守的策略，保持沉默。如果你簡單粗暴地暗中刁難對方，是非常不得體的行為。你可能會錯失一員得力的幹將，還可能會把一些人推到你的對立面。找那些沒有宣誓效忠的人逐個聊聊，聽聽他們對未來工作的看法，這才是一個新手主管最該做的事。

把下屬裡的業務核心成員安排好，協調好團隊成員之間的關係，讓團隊持續穩定做出成績，再逐漸把不稱職的人換掉，這才是新手主管最應該關心的。

收獲別人口頭上的支持，雖然有必要，但是不重要。多關注那些沉默者，因為他們才是更大的變數。

最後，你還有一件重要的事情要做。既然被提拔了，就要讓自己的上級長官知道你對他的感激和敬意，告訴他你是他的友軍，隨時準備響應召喚。

你不需要肉麻地宣誓效忠，但一定要認真地表達你的態度。即使你和上司之間有默契，但是很多話如果你不說，他也可能犯嘀咕，你們的關係就容易出現裂痕。

最後，我再強調一下，職場上最重要的那個人——就是你的上司。

重點精華

- 宣誓效忠的人通常有三種：諂媚的人、為你效力的人和不好推測其目的的人。
- 對諂媚的人你要客氣、禮貌地推開；對渴望效力的人要保障他們的權益；對不好推測其目的的人要進行考驗，讓他們交出投名狀。
- 你真正應該關心的是那些沉默者，他們可能因為耿直或者社恐，不願意過來對你宣誓效忠，主動跟他們溝通，才能更好地開展工作。

冷淡的人
——可能是個熱心腸嗎？

你可能遇到過這樣一種人，他們待人接物毫無熱情可言：幾乎不會對新來的同事主動打招呼；跟老同事也很少交流互動，偶爾聊天態度也非常冷淡；你跟他談工作上的事情，他還能好好說話，但如果想接著聊聊生活，對方就一下子繃著臉，不再搭腔。

人的情緒會被身邊的人傳染。如果你對面坐著的是金庸小說裡的「老頑童」周伯通，明明他沒有講笑話，但看著他那張歡快的臉，也會忍不住覺得開心。但如果坐在對面的人是冷著一張臉的「飛天蝙蝠」柯鎮惡，你雖然知道那個人不壞，但也會渾身不自在。

為什麼會有態度冷淡的人？和冷淡的人應該如何相處？如果你自己就是別人眼裡冷淡的人，應該如何改變呢？

冷淡的人是如何傷人的？

冷淡的人本身是不會對人造成傷害的。造成傷害的是什麼？是人們在面對冷淡的臉之後產生的心理活動。

意志堅定的人，可能會用這樣的心理活動來反擊冷淡的人：「裝什麼呀？」這四個字其實非常好用，如果能掌握這四個字的正確使用方式，就很難被別人的情緒攻擊、傷害了。

但是，一些性格溫和、受過良好家庭教育，希望友善、體面地與人溝通的人，遇到這類事情時會先在心裡幫對方找藉口：是不是他沒聽見我說話；可能他沒看見我打招呼；可能他今天心情不太好吧。

當你開始替他開脫的時候，冷淡的人其實就已經在影響你了。

有些人遇到冷淡的人之後，不是責怪對方不通情理，而是去懷疑自己：我是不是說錯話了？我是不是能力不足？我是不是缺乏魅力？我是不是哪裡有問題，才被人這麼冷漠對待？冷淡不會傷人，這種疑神疑鬼、自我拷問和責備，才會真正傷害你，因為它們破壞了你內心的自洽❶。當沒辦法做到內心自洽時，看什麼都會蒙上陰影，做什麼判斷都非常可能會出錯。

所以，你沒必要委屈自己，也沒必要想太多，因為對方的狀態很可能跟你完全沒有關係。比如，有些人的臉會顯得比較冷淡，是因為身體狀況不佳、獨特的面相或者職場壓力造成的。

對你無害的「冷淡臉」

許多疾病都可能讓患者精神不振、臉色冷淡，不願意與人溝通。比如，憂鬱障礙、疼痛障礙以及腫瘤。有的人聽力不好，注意不到別人打招呼，也會給人造成冷漠的印象。憂鬱症

❶ 自洽：在這裡是指內心強大，達到自我完整、怡然自得的和諧狀態。

發作的病人，不僅心情惡劣，還可能會話少、表情淡漠和不愛溝通。

近幾年還有一個詞特別流行，那就是「社恐」。它是「社交恐懼症」的簡稱，往往被認為是社交障礙。其實按照心理學上的定義，社恐的大多數表現並不是社交障礙。

真正的社交障礙屬於焦慮障礙的其中一種，患者如果需要給人打電話或者見面，就會特別焦慮，大汗淋漓、呼吸急促。還有一類自閉症類群障礙（ＡＳＤ）的疾病，也會讓人看上去非常冷淡。

這些人感知別人情感、觀察別人情緒的能力極低，看起來有點不通情理、感情淡漠。有部日劇叫《熟男不結婚》，阿部寬飾演的男主角就是這樣的一個人，他是個建築設計天才，但總是擺著一張臭臉，加上情商低，總是在無意間得罪人。

最常見的「冷淡臉」是嚴重的害羞者。他們對與人溝通心存疑慮，非常害怕暴露自己。他們過度關注自己的一舉一動，生怕做錯了事被人取笑。

一些獨特的面相也會給人冷漠的感覺。大多數人在放鬆的時候，五官顯示出來的是平靜的表情，也有的人在放鬆的時候，臉上會顯出很像輕蔑、嘲笑或者生氣的表情，因此被別人誤會是態度冷淡的人。

餓紋，其實就是法令紋，指鼻子兩邊的那兩條線，如果這兩條線長到嘴邊，給人的感覺就會很像在生氣。這種面相的人很容易被誤會是故意給人臉色看，如果你有這種相貌，平時就要注意表情管理，多微笑。

還有一種情況，就是職場壓力過大造成的士氣低迷。

你在自己的公司待習慣了，不容易察覺到這方面的差別，如果有機會去別的公司拜訪合作夥伴，或者新到一家公司準備入職的時候，可以仔細觀察一下。

每家公司的員工表現出來的精神面貌是完全不同的，有的團隊一看就是輕鬆而愉悅，有的是散漫而懈怠，還有的是緊張而冷漠。

比如，員工見了訪客，不謙讓、不問好，一個人的手機落在座位上，響半天也沒有其他人管。公司出現這種情況就表示團隊的績效壓力過大，或者面臨嚴重的內部不公，所以人們都擺出一副冷淡的面孔。大家對內不友善，對外自然不願意溝通了。

你看，一個人看上去冷淡的原因有很多。可能是他生病了，也可能是他天生就是這種面相，更有可能的是，他最近過得比較辛苦，心情不好，但他們都不是針對你的。

但是，有的時候，某些人就是要故意擺臉色給你看。他們為什麼要這麼做呢？

對你懷有惡意的「冷淡臉」

原因主要有三個：嫉妒、利益衝突和職場霸凌。

●原因一：嫉妒

先說嫉妒，嫉妒分為成就嫉妒和性嫉妒兩種：如果你年少有為，被提拔得很快，一個和你同期或者比你更資深的人，就可能對你心生嫉妒，故意不給你好臉色看。

還有一種是性嫉妒（sexual jealousy）。你可能會因為長得好看、性格和氣而受到異性的歡迎，這個時候就可能遭遇性嫉妒。在職場上控制不住自己性嫉妒的人，性格往往都比較外露，所以有些冷淡的態度也會表現得特別明顯。

●原因二：利益衝突

再說利益衝突，有的人對你冷淡，可能是因為你們之間有競爭關係。你獲得了一個部門負責人的職位，另外一個人也是這個職位的候選人之一，你占據了他有機會獲得的位置，他當然會對你抱有敵意，故意用冷淡的臉對待你。

如果有能力將對方拉入自己的陣營當然最好。但是，如果對方沒有合作精神，甚至公開針對你，你要做的就是讓支持你的下屬團結起來，別在較量中顯得過於懦弱，避免讓支持者覺得你靠不住。

●原因三：職場霸凌

最後說職場霸凌。有些人的冷淡是一種策略，是他控制別人的手段。他們先對你極其冷淡，然後偶爾再態度友善，你就會覺得好像收了他的好處一樣。這些人如果要催你做事、幫忙，就擺臉色給你看，達到目的態度才會變好。這就是用態度來影響、控制別人。

你可能會說「這種作法好幼稚啊」，其實這種幼稚的招數，能夠「拿下」好多人。跟這種鬧情緒、擺臉色的人吵一架，普通人都會覺得不值得，但如果對他不理不睬，他每天給你擺出一張難看的臉，你也會覺得難受。

有的人為了省心，就答應了對方的要求，一來二去，等你習慣了受對方的影響和控制，大事上也難免會對他遷就了。

這種控制，是策略，更是職場霸凌的一部分，許多缺乏職場經驗的人都會被這種策略操控，吞下苦果。

如果你是職場新人，注意不要受到這種控制狂的影響。如果你是主管，也要提防這種人，否則團隊裡其他人可能會被他壓制，最後連你的意志都無法貫徹。好多人帶團隊帶得反而像做下屬，就是因為隊伍裡有這樣的控制狂和職場霸凌者。

故意針對你的人通常有三種，他們可能是因為嫉妒你的成就或者個人魅力，也可能是因為利益爭奪的敵意，還可能是一種精神控制手段。

最難躲開的「冷淡臉」：冷漠對待

最後我們說一種特殊情況，那就是新人期遭遇的冷漠對待。如果你剛進一家公司，老員工們對你態度冷淡，你一定要理解。因為他們不是針對你一個新人，而是針對所有新人。社交是有成本的，它需要占用人的時間、精力，老員工對新人態度冷淡，是因為擔心新人留不下來，自己白白浪費感情。那些競爭激烈、轉正條件苛刻的大公司尤其如此。

一種極端情況就是打仗時的軍隊。

在美國關於二戰的電影《怒火特攻隊》裡，一個新兵被分配到坦克排，想要做自我介紹，但老兵們粗魯地打斷了他，讓他一個月後再說自己的名字。

他們的理由非常簡單，知道了你的名字，就要和你有交情，新手在戰爭中的死亡率很高，如果你死了，還要為你傷心，太不划算。所以，軍隊裡就有了一條不成文的規矩：要先活下來，別人才肯記住你的名字。

職場上也是如此，新到一個環境時，與其跟同事搞好關係，不如冷淡一點，大家先互相看看彼此做事的能力怎麼樣。如果互相不拖累，再做盟友也不遲；如果互相看不上眼，那就好聚好散，也不用背負誰拋棄誰的負擔。

這裡我還想再強調一下，同事間交往要注意的事。你的老闆開一家公司，不是為了讓你來交朋友的，老闆要實現效益，你要自我實現，工作才是職場的主題。

和那些每天膩在一起的同事相比，很多冷淡的人可能是更好的搭檔。對沒有敵意、工作又上心的冷淡者，不妨慢慢合作，慢慢相處。這些人冷淡的外表之下，可能隱藏著一副傷痕累累的熱心腸。

重點精華

- 冷淡的人可能是生病、面相不好或者壓力過大，這些人對你無害。
- 故意針對你的人可能是由嫉妒、利益衝突或者職場霸凌導致的，如果對方觸碰了你的底線，你可以適當反擊。
- 新人期可能會被老員工集體冷淡對待，這個時候優先要做的事是提升你的績效，而不是和同事們交際。

Part
2

愛耍手段的人

熟練掌握應對之道

愛耍手段的人占你的便宜還賣乖，

他們精熟此道。

認清他們這一套，

才能「不吃這一套」。

號稱為你冒了險的人

——要小心提防

不知道你有沒有遇到過這樣的人：當你做成了一件事，有了一點小小的成就，或者剛從險境中掙脫出來，他會突然出現在你面前，擺出一副高深莫測的樣子對你說：「老兄，這次的事情，我可是沒少擔風險啊。你知道我忙前忙後得多不容易嗎？」

你突然之間多了一個恩人，還沒反應過來怎麼回事，被他煞有介事的態度弄得有點緊張。這位「恩人」接下來又談論了幾句細節：

「我一個個打給評審委員，拜託他們支持你。」

「有人寫信檢舉你升職等的論文有點問題，讓我偷偷給壓下了。」

你一聽，哎，好像還真有這麼一回事，於是客客氣氣道了謝。這個時候，這位所謂的恩人會再叮囑一句：「我這次替你擔了風險，以後發達了，可要記得我啊。」不等你仔細琢磨，他就飄然離去，留下一臉迷惑的你。

你忽然就欠了別人一個天大的人情，但其實你跟對方並不熟，也沒拜託過對方幫自己的忙，甚至也不知道對方說的有幾分是真話，幾分是假話。

對於這種號稱為你冒了險的人，應該如何去應對呢？這種人似乎是帶著善意來的，但是背後會不會有意想不到的危險呢？

盜賣恩情的人

這種人非常容易使別人失去警惕，是需要特別留神的一種人。

首先，對方並不是你的恩人。為什麼這麼說？因為恩人要滿足兩個要點：第一，這個人是自願出手，看起來並不要求回報；第二，這個人的作為確實改善了你的處境，甚至改變了你的命運。

有的人幫了別人的忙，並不覺得自己應該從中獲利。這說明他們有高尚的人品，有君子的作為，也是他們格外受人敬佩和感激的原因。

也有的人幫了別人的忙，經常掛在嘴上，時常提醒對方，想讓對方表示感激。這些人其實是「市恩」之人。「市恩」就是用恩惠收買、取悅別人的意思。這類人把恩情當買賣，用順水人情來結交、收買你，其實並不是你的恩人。

「恩」這個字很重，如果能夠一下子報出一長串恩人的名字，把恩人的範圍無限擴大，只能說明你沒有很在乎真正對你有恩的人。

為了謀利聲稱幫過別人，其實是盜賣恩情。盜賣恩情的人是真正的奸佞之人，一定要提防這樣的人，因為他們非常危險。那麼他們會對你有什麼危害呢？

盜賣恩情的人有何危害？關係管理有幾個層面：

第一個層面是內心自洽，即你自己內心的不糾結、不衝突。

第二個是人際關係的和諧，即你與其他人的關係和諧友善。

第三個是群體內的發展，即你在一個群體內能不能獲得地位的提升。

第四個則是被人情綑綁。

如果一個盜賣恩情的人盯上你，他會全方位地傷害你關係的四個層面，不僅傷害了現實利益，而且會傷害你對周邊關係的感知能力。

●傷害層面一：內心自洽

先說盜賣恩情的人對你內心自洽的傷害。過多的人情債會給人造成心理負擔，尤其當你並不想接受對方的幫助時。一個盜賣恩情的人會反覆提及他對你的所謂恩情，這種強調的背後是對你個人能力的否定：你看看，如果沒有我，你就搞不定。

如果你認同了對方盜賣給你的是恩情，就會下意識地自我貶低：我怎麼這麼蠢？要不是人家幫忙，我就搞砸了。但事實上，對方可能並沒有幫過你，事情能夠成功，靠的是你自己的能力。

●傷害層面二：人際關係

盜賣恩情的人還會傷害你的人際關係。盜賣恩情的人會讓你在一個群體之中的風評受損。因為他不僅對你炫耀恩情，還會肆無忌憚地向其他人吹噓、誇大他對你的所謂恩情：

「某某當初遇到麻煩事，還是我救了他。」

「這傢伙當初要升職，是我投了關鍵一票。」

這種評價會讓你身邊的同事、下屬誤會你，以為你的成績名不符實。

●傷害層面三：阻礙群體發展

有時候，盜賣恩情者還會強行把你拉進某個派系，進行不符合你利益的選邊站。比如，他跟別人起衝突時，會跟別人說：「你要想清楚，你得罪了我們，就是得罪了某某，我對他可有恩，你敢亂來的話，他不會讓你好過。」

●傷害層面四：被人情綑綁而束手束腳

最後，盜賣恩情者還會讓你在應對衝突時綁手綁腳。因為在職場上，你很難對付一個盜賣恩情者。

舉個例子。東漢末年袁紹的謀士許攸，就是一個典型的盜賣恩情者。許攸在官渡之戰的時候投降了曹操，出賣了袁紹，曹操偷襲了袁紹的糧倉，打敗了袁紹的軍隊。許攸對曹操有恩沒有？當然有，官渡之戰能逆轉，許攸功不可沒。但是，曹操打下袁家的根據地冀州之後，許攸仍然得意洋洋地跟曹操炫耀，叫曹操的小名：「阿瞞，你沒有我，得不到冀州。」

這就過分了，許攸出賣情報是四年前的事，炫耀自己四年前的功勞，把這四年裡所有人的努力和奮戰獲得的成果都算在了自己的頭上，對其他人很不公平。

曹操因為許攸有功，一直都是容讓他的，但是再這麼忍下去，不但自己心裡不舒服，周圍的部下也都不滿意，內部團結會出問題。所以最後曹操心一橫，就把許攸抓起來殺掉了，而在小說《三國演義》裡殺許攸的是許褚。

這就是盜賣恩情者的可悲之處，他們傷害周圍的人，不斷挑唆、「玩火」，最終也會傷及自身。

那麼，如果你遇到盜賣恩情者，應該如何對付他們呢？

如何對付盜賣恩情者？

我在此總結四個方法：你賣恩情我不接；謙遜、客氣、不辦事；直接跟他提要求；請人跟他認真談談。

先說「你賣恩情我不接」。在職場上，對方提到為你冒了險、幫了你的忙，你如果不清楚情況，就大大方方地問：「這事我還真不知道，具體是怎麼回事？能講得更詳細些嗎？」

盜賣恩情者經常會利用他人不好意思過問細節，來讓對方糊里糊塗地收下一份假恩情。如果你開始追問細節，他們就會故意裝糊塗龜縮了。

再說「謙遜、客氣、不辦事」。如果已經不幸被對方販賣了一套恩情，那未來一定要硬起心腸，可以客氣，但一定不要被對方牽著鼻子走，去幫對方獲得利益或者跟隨對方的陣營。如果對方不是你的上級，你可以直接對對方提要求：「這些陳年往事不要提了。」這種告誡對很多人是有效的。

如果盜賣恩情者真的對你有點恩，你可以找個人去跟他談談，劉備當年就是這樣做的。劉備帳下有個謀士叫法正，法正是劉備打進成都的引路人，對劉備有功，也有恩。但，法正這人小心眼，利用自己功勞大，殺了不少跟自己關係不好的人，這讓劉備很為難。

這種事情不處理，早晚是個禍患，看出劉備為難的人，就勸諸葛亮去警告一下法正，諸葛亮不滿法正的作法，故意正話反說：「法正的功勞這麼大，殺幾個人就讓他殺吧。」

法正聽懂了諸葛亮的意思，不敢再亂來了。聽起來是諸葛亮給法正發了「殺人許可證」，但是法正明白自己做的那套，諸葛亮清楚，劉備清楚，別人都記得，就不敢亂來了。

諸葛亮的話到底是什麼意思？「你每任性一次，折損的都是主公對你的信任，你功勞再大，終究有耗盡的一天。」劉備沒有直接跟法正談，諸葛亮放話出去的規勸方式也很獨特。安排聰明人去勸自視甚高但是驕橫的人，這種作法非常有效。

再提醒大家一句，「恩」這東西要謹慎承認，這樣才對得起真正對你有恩的人。對那些到處炫耀為你冒了險、對你有恩的人，要謹慎對待、小心防備。

重點精華

- 那些號稱為你冒了風險的人，大多是盜賣恩情者。
- 盜賣恩情者會傷害你的利益，還會破壞你的人際關係，不要隨便接受別人的市恩。
- 如果盜賣恩情者可能傷害到你，跟對方直接提要求或是找別的人跟對方談談，都是有效的方法。

愛貶低別人的人

——這就是傳說中的「PUA」嗎？

你在工作和生活中，可能都會遇到這樣的人，他每句話都要貶低別人，或明或暗地抬高自己，他以挖苦諷刺為能，以讓別人窘迫、尷尬為樂。

你可能會說：「我知道這種人怎麼對付，他挖苦我，我就反擊，讓他知道知道我的厲害，他嘴巴壞，我能比他更壞！」這的確能說明你很有鬥志。但是你有沒有想過，自己在職場或生活中花力氣社交，最終目的是什麼？

你的目的應該是讓更多人站到自己這邊來，職場上你要收獲更多的支持，生活中你需要更多對你友善的人，並且把其中的一部分人發展為朋友。

遇到一個喜歡貶低他人的人，就把自己也變成類似的人，那如果遇到一個卑鄙惡毒、違法犯罪的人，難道也要用同樣的作法來對付他嗎？以暴制暴只會讓局面更加糟糕，因為這會嚇退一些本來對你有善意，可能成為你盟友的人。

那麼，為什麼有的人沒事會愛貶低別人呢？這種貶低別人的行為是不是傳說中的「PUA」？如果遇到愛貶低你的人，應該怎麼應對呢？

控制者和壓制者

通常有兩種人喜歡貶低別人：一種是控制者；一種是壓制者。

●控制者

我們先說控制者，這類人有一個特點，就是對特定的對象進行貶低、挖苦，甚至是侮辱。這種人控制的對象，一般來說比他們的地位要低，而且實力偏弱。比如，自己的子女、職場上的下屬、性格內向的戀人。

控制者在其他人眼裡可能不是壞人，但他們當中有的人對自己控制的對象，往往是為所欲為的，從貶低、打壓到羞辱，都是他們控制對方的手段。

精神控制在這幾年也被一些人稱為「PUA」，其實「PUA」原來的意思是搭訕術，和精神控制完全不同。

職場上如果遇到喜歡精神控制的主管，最好的辦法就是儘快離開這個鬼地方。

●壓制者

接著重點說說壓制者，相較於控制者，壓制者是社交場上更常見的一種人。

壓制者會無差別地貶損身邊幾乎所有的人，只有上級或者更厲害的人能倖免於難。如果說控制者是精準殺傷的狙擊手，那壓制者就是橫掃一片的機關槍。

壓制者有一個特點——無一例外都是低自尊者。壓制者在內心深處對自己的評價極低，但是對自己的要求又特別高，他們要求自己配得上所有人，有能力碾壓所有人。而讓他們實現這種平衡、碾壓的方式就是貶低別人。

高自尊者社交時的態度是「天哪，你跟我一樣好」，但低自尊者社交時的態度是「別裝，你比我還要差」。當然，不是所有的低自尊者都會成為壓制者，有的人會把攻擊性轉向自己，把自己變成既害羞又自卑的人，但也有的人會成為壓制者。

壓制者貶低你的時候，樂在其中，他們喜歡看別人被激怒，不過他們的快樂十分短暫，所以才會不斷地去激怒其他人。如果說精神控制者是邪惡的人，那麼壓制者可能只是一些無聊的可憐人。他們的人際關係都是一團糟，因為很少有人會喜歡這種人。

壓制者是怎麼形成的？

有些壓制者智商很高，他們很擅長去抓別人話裡的漏洞，並有針對性地打擊。他們當中有些人的眼光毒辣，能找到別人內心脆弱的地方展開攻擊，而且反應非常快，總能讓對方無從辯駁。

壓制者愛以貶損別人的方式取樂，跟他們童年時候的經歷有關係。如果你有幸去一個壓制者熟人的家裡做客，就會發現他的父親或者母親可能就是一個壓制者，平時喜歡貶損自己的兒女，並且認為這樣能讓孩子成材。

在這種家庭環境中成長起來的人很容易成為壓制者，他們渴望獲得父母、長官等的認可，他們對潛在的對手的貶損已經成了自己的本能。

一些人會逐漸發現，貶損別人、激怒別人除了能讓自己獲得短暫的快樂，還有獨特的好處。比如，讓被激怒者的行為走樣，犯更多的錯誤，進而抓住其破綻。這也是為什麼一定不能被壓制者牽著情緒走，這會讓你落入他們的埋伏，一定要把節奏慢下來，冷靜下來，才能在自己熟悉的戰場上立於不敗之地。

對付壓制者的三個妙招

壓制者其實並不難對付，掌握了他們挑釁的原理之後，我教你三個妙招：防守技能、反擊手段和挖洞行為。

●妙招一：防守技能

防守技能，是指在對方貶損你的時候，快速擋住對方的攻擊。招式也很簡單，就叫「我不覺得啊」。無論對方說你胖、醜、嫁不出去，還是娶不到老婆，都可以用一句「我不覺得啊」來打斷他的話頭。他想看你暴跳如雷，但如果你的情緒不被他帶著走，而是用熟悉的、練習好的手段應對，就要輪到他著急了。

●妙招二：反擊手段

再說反擊手段。你要清楚明白地表達出，自己因為對方的貶低受到了傷害。這句話可以這麼說，「你這麼批評我，讓我很不舒服」，用描述對方行為的方式，告訴對方他對你造成了傷害。

別覺得這個反擊太弱，對方只是個損鬼❶，並不是禽獸，他對自己給別人帶來困擾這件事也是會有所顧忌的，只是他對貶損人上癮，不願意考慮對方的感受。

只要你這麼說了，就能夠讓對方有所收斂。這句話同時也是說給周圍的人聽的，大家都知道你不願意聽了，如果他繼續這個話題，那麼聊天翻臉的責任，就全在他身上了。

---

❶ 損鬼：意指喜歡用刻薄的言語貶低他人的人。

●妙招三：挖洞行為

最後說說挖洞行為。壓制者是無差別攻擊所有人的，所以你是可以轉移目標的，不妨在交談中刻意稱讚那些更有實力的人。讓壓制者去跟強大的對手為敵，這是擺脫壓制者的最高境界。壓制者見不得別人優秀，當你去稱讚別人時，就會引起他的爭強好勝之心。

傳統單口相聲《君臣鬥》裡有一個橋段，劉墉（劉羅鍋）每天到處參劾別人，告別人的狀，這些大官苦不堪言，後來和珅想了一個辦法。和珅對劉墉說：「劉中堂，我說一個人，您肯定不敢參。」劉墉一聽就不服氣地說：「誰？沒有我不敢參的！」誰知道和珅竟然回答：「當今皇上，您敢參嗎？」

這就是標準的挖洞行為，讓自己不喜歡的人和一個強大的人起衝突。

順便提醒一句，不要讓壓制者去跟你的盟友為敵，最好找一個你的對手。

如何擺脫壓制者？

如果你不幸遇上了一個壓制者，被他貶損得一塌糊塗，可以試試這一招——「冷淡——脫離」技術。

這是什麼意思呢？壓制者不太可能每天打個電話沒頭沒腦地貶低你一通，他只有在你身邊的時候才有機會說「你不行」。所以要想擺脫壓制者，那就要在生活中和他脫鉤。

曾經有人給我留言說，她的一個同事總是說她衣品差、不打扮，說只有懶女人沒有醜女人，把她弄得很尷尬。

我就問她：「妳們平時通常什麼時間聊天？」她告訴我是和這位同事一起出去吃午飯的時候。我就告訴她，妳嘗試自己做飯，帶便當上班，先在日常生活中跟愛貶損人的同事疏遠開來，她沒有了貶損你的機會，自然就會去別人那裡找「成就感」了。這就是「冷淡——脫離」技術。

以此類推，如果有壓制者同事跟你順路，上下班坐你的車，那你就挑一段時間別開車，坐公車、搭捷運，讓他沒有貶損你的機會，疏遠了之後，你會更有勇氣反擊他對你的貶低。

重點精華

- 愛貶低別人的通常有控制者和壓制者兩種人，控制者有特定的傷害對象，而壓制者則是攻擊所有人。
- 壓制者自尊低，渴望獲得權威的認可，所以他們會無差別地打擊所有可能的競爭對手。
- 「我不覺得啊」、「你這樣讓我很不舒服」、「我覺得那個誰誰就很棒」是對付壓制者的三樣利器。生活中遇到壓制者，可以先疏遠，再脫離。

常說「為你好」的人
——是好師父還是玩手段？

在職場上，你可能會聽到這樣一句話：「這都是為了你好。」只要一聽到這句話，一定要趕緊打起精神來，因為它很有可能是一個非常危險的手段。

這話大多是上級對下級、師父對徒弟、職場老鳥對新人，或者年紀大、資歷深的老同事對年紀輕、資歷淺的小同事說的。

有的時候，這句話後面還會跟幾句解釋：

「為了鍛鍊你獨立工作的能力。」
「你也該試試自己完成一個專案了。」
「為了你的前途考量，就不要參加這次競聘了。」

無論後面的建議是什麼，幾乎無一例外，你都要付出一些代價：比如多付出一些汗水和辛勞，再比如多冒一點風險，甚至是放棄一些已經到手的利益，或是即將到手的機會。

奇怪，這明明是讓你吃虧了，為什麼他們會說「為你好」呢？這種「為你好」的人，到底是苦口婆心的好老師，還是想讓你當炮灰、做犧牲和聽命令的壞人呢？

「為你好」的本質

「為你好」三個字，其實不是一種很好的說服方式，因為說服者是在用自己的人品背書。說服一個人，最好的辦法是講道理、談利益。如果要用交情、感情去說服別人，其實已是下策。

當一個人說出「為你好」的時候，他就不僅是用交情來說服你了，這是一種「脅迫接受」。表面看起來，他不曾出口威脅你一句，但其實潛臺詞是這樣的：「如果你不願意，就再也沒法得到我的指點和幫助了。」

除了在職場上，這種脅迫接受在生活中也很常見，有時候它甚至不是一個壞手段。最常見的場景是，你請朋友幫忙推薦某一類他了解的商品。比如說挑選一套入門級的滑雪裝備，你可能已經看了一堆網上的攻略，但是愈看愈糊塗，這時候你會用一種常見的方式——求助一位你熟悉的、信任的，看起來是高手的朋友。

如果你跟這位朋友關係夠好，他就會給予很好的建議。「挑這個組合，聽我的準沒錯！」他不願意就這個選擇的原因去解釋，因為你在這個領域是小白，而他對自己的程度充滿信心，這個時候他就會用脅迫接受的方式來直接提供建議，節省大家的時間。

但是，職場上的情況完全不同，要說服一個人，應該有一個充分講道理的過程。所以，如果一個人希望你犧牲自己的利益，又不願意講透道理，還說為你好，那只有一種可能，他根本就站不住腳，他不是為你好，而是為自己好。不進行充分說服的「為你好」，都是耍花招。記住這一點就好了。

你可能會問，用這種判斷標準會不會錯怪別人呢？會，但是被錯怪的人極少。而且，被錯怪的人就算不為自己辯解，大部分也會給你解釋幾句。只有很少數性格古怪、故意不願意講道理的人會被錯怪，這種機率小到幾乎可以忽略。

一定要記住，在職場上講道理、談利益都正常，但是有人用「為你好」這三個字，用所謂的初心、感情來教你做事，這很有可能是個坑。

真的是「師父」，還是一種手段？

我曾經說過，最好的上下級關係是師徒關係，有的師父也會對徒弟說「你應該做什麼事」、「這是為了你好」之類的話，但我得要重點講解一下傳統的師徒關係和「為你好」手段的區別。

師徒關係來自傳統手工業，講究的是口傳心授，過去皮匠、木匠、裱糊匠都是師父教徒弟，管徒弟食宿，徒弟則會給師父做家務、帶孩子、當助手來替代交學費。等三年後學成了手藝，再白給師父工作兩年，這就是「三年學徒、兩年效力」。

因為那個時候，當學徒的都是窮孩子，沒什麼錢，才會用勞動來替代交學費，這是一種人身依附關係。

在今天，師徒關係在某些行業裡仍然存在，比如醫生、律師、戲曲曲藝、手工業、廚師、諮詢師……在工廠裡一些需要老師父傳授經驗的職位上，也仍然有師父有徒弟。

在非體力工作的職場上，帶新人、做師父，雖然還會屢屢被人提起，但師徒關係的人身依附色彩已經非常淡了。

所以，師徒制的上下級關係最好。因為主管如果願意傳授自己的工作經驗，你會成長得特別快。如果能夠在尊重服從主管的同時又學到本事，這和簡單地為公司打工，會呈現兩種完全不同的精神面貌。

現代職場上，一個好的師父一定會把握住分寸，只給徒弟傳授經驗、收獲徒弟的效力和友誼。雖然徒弟在離職的那一刻就不再為師父效力了，但是師徒間的友誼、交情是可以延續很久的。

現在的師父也會幫徒弟出主意，甚至拿主意，但是一般是有限制場景的。比如，需要做重要的選擇時，是徒弟問了，師父再出主意：他們會採用建議的姿態，而不是一手包攬甚至是直接替徒弟做決定；師父如果做有傾向性的建議，會詳細地解說利弊。

而且一定要記得一點：不是所有比你資深的人都是你的師父。有些年輕人初入職場，抱著一種謙遜的學生心態，看見白頭髮多的、髮際線高的，都尊稱人家一聲「老師」，要跟人學東西，這是一種積極上進的態度。但人家願不願意真心教你，情況可能千差萬別。

你的師父，應該而且只應該是你的直屬主管，或是由你的直屬主管任命來指導你的某位資深同事。有些公司有這樣的導師制度。

一個人如果不是你的師父，還想過度干涉、給你提建議，讓你聽他的，說是為你好，一定要留意。這種人，很有可能要麼是狂人，要麼居心叵測，另有所圖。

你發現了嗎？真正的師父會教徒弟分析利弊，帶著徒弟練習本領，把本事傳給徒弟。而壞心眼的人會專斷地要求徒弟言聽計從，他們索求的是徒弟的服從。

如何應對「為你好」的招數？

在了解了熱心師父和一些人的手段區別以後，面對這種招數，應該怎麼拆解呢？這就要分情況對待了。

如果給你建議、說出「為你好」的人，是不相干的、愛管閒事的同事，那就說一聲「謝謝」，然後該怎麼做就怎麼做就好了。這種是最簡單的情況。

如果說出「為你好」的人，是帶你入行或者指導你工作的資深同事，那就需要仔細想好應對之策。

我的應對之策有四點：致謝、堅持、甜言蜜語、討價還價。什麼意思呢？我總結了幾句話，你可以參考。

「謝謝師父的指點，我再好好想想，我一定會認真考慮您的建議的。」

這就是致謝。

「我想了想，還是想試一試，這是一個難得的機會。」

「我想了想，還是不能多接一個任務，我的工作量已經太多了。」

該答應的答應，該拒絕的拒絕，這就是堅持。

「您的建議給了我很多啟發，真的很感激，以後還得多向您請教。」

這是甜言蜜語。

如果是一個真正為你的利益籌劃、擔心你吃虧的師父，他最多會覺得「年輕人，膽子大，好任性」，而不會覺得「這小子居然不聽我的，等著倒楣吧」。

那如果說出「為你好」的人是你的主管，該怎麼辦呢？那就不要糾結了，這不是建議，而是命令。他準備犧牲你的利益，但是沒準備為這種犧牲付出代價。這個時候就可以討價還價，比如你可以說：

「您說讓我多負責一個專案，我的時間會特別緊，我希望在時間上可以寬限一些。」

「您覺得我參加這個公開競聘不妥的話，我會聽您的，但是我也特別希望能跟著您多學點東西、多做點事情，下次那個集中培訓我想參加，您覺得可以嗎？」

對了，如果你拒絕了「為你好」的提議，請務必做好一件事：把事情辦好，最近別出錯，用事實證明自己的主張是正確的。

記住，如果你堅持自己的意見，漂漂亮亮把事情做成了，贏了和師父或主管的爭論，這時，你要更加謙虛，永遠都別去炫耀這樣的勝利。

重點精華

◆「為你好」是脅迫接受，而且是拒絕充分討論和說服的脅迫接受。

◆真正為你好的熱心師父不會過度干涉，他會尊重你的最終選擇。對付「為你好」的提議，致謝、堅持、甜言蜜語和討價還價都是非常有用的武器。

◆最終要用成果說話，把事情做漂亮了才是真贏，吵架贏了不是真的贏。

勢利的人

——如何與他們相處？

「勢利」這兩個字，往往會被跟「小人」一起連用，而我們也經常會把勢利的人稱為「勢利眼」。

說一個人勢利或勢利眼，顯然不是什麼好話，但為什麼有人寧願惹人厭惡，也要表現出自己的勢利呢？如果你必須跟那些勢利的人打交道，又該怎麼辦？

什麼是勢利？

首先，你要明確知道，究竟什麼是勢利？

勢利就是，對比自己高明的、有權勢的、富有的人巴結諂媚；對不如自己的、走霉運的、失勢的人嘲諷且冷漠。

勢利眼在文學作品中往往以壞的、卑鄙的形象出現，經常受到作家們的諷刺、挖苦。金庸先生曾在小說《鹿鼎記》中，提到過唐朝宰相王播的故事。

王播年輕時家境貧寒，在揚州惠昭寺蹭飯讀書。寺裡的和尚嫌貧愛富，於是就把撞鐘通知吃飯的規矩偷偷改了，大家先去食堂，吃完才撞中午的鐘。王播聽見鐘聲去吃飯時，發現已經沒飯可吃。他知道是和尚勢利，故意捉弄自己，便被迫離開了寺院。

幾十年之後，王播當上了淮南節度使，揚州也歸他管。當他再去惠昭寺的時候，發現以前他在牆上寫的詩，已經被和尚們用綠紗籠保護了起來，當作「本寺客居過的高官真跡」了。王播感慨不已，就寫了一首詩：「上堂已了各西東，慚愧闍黎飯後鐘。三十年來塵撲面，如今始得碧紗籠。」

大概意思是，書讀完了發現和尚們沒給我飯吃，出去辛苦了三十年，回來再看，當年寫的字，被紗籠保護得好好的。

王播的詩雖然抒發了怒氣，卻也有點不公正，當年趕走他的和尚，跟現在管理寺院的和尚可能根本不是同一個人了。

但是，所有的民間故事裡，這種嘲笑、挖苦甚至是報復勢利眼的橋段，不僅大眾愛看，文人也愛說。

這種嘲諷不分古今中外，從《儒林外史》、《鹿鼎記》，到曹雪芹、巴爾札克（Honoré de Balzac）的作品，其中對勢利眼的厭棄，是我們每個人都能接受的。

儘管有大量的文藝作品在嘲諷和鞭笞勢利的人，但生活中，勢利的人卻從來沒有消失過，每個學校、每個公司，甚至每個家庭中，似乎都可能有這麼一些勢利的人。

當勢利眼有什麼好處？

我經常聽到這樣的提問：「熊老師，怎麼對付職場上的勢利小人呢？」每次遇到這樣的問題，我都會對提問者說：「能不能說說看，他勢利的具體表現是什麼？」

有個人說：「我有個同事，以前我父親的職位是負責人的時候，同事把我捧上天，整天上門問候拜訪；這兩年我爸退休了，他也就不再登門了，偶爾遇到我，也有點愛搭不理，甚至還要冷嘲熱諷，我好想給他來一拳。這種人應該怎麼對付呢？」

這個同事就是典型的勢利眼。要想對付一個勢利眼，就要站在他的角度去思考，這麼做有什麼好處？

好處其實非常明顯，人不可能維護所有的熟人關係。我們都是凡人，時間和精力都有限，為自己的社交做減法，減少不必要的社交損耗，是每個人都應該做的事。

然而，同樣是減法，應該是選擇把品性不端的、做事不可靠的熟人在社交的清單上精簡掉，但是勢利眼做社交減法只有一個標準，那就是這個人還有沒有實力，有沒有可能為自己所用。

勢利眼到底錯在哪裡？

勢利眼的出發點是自利，通常來說自利無可厚非，在人際關係上做減法也沒有錯，勢利眼的錯誤主要有三點：判斷有誤，不留餘地，不把人際交往視為多邊關係❶。

●判斷有誤

我們先來說說，為什麼勢利眼的判斷有誤。判斷一個人是不是優秀、出色，前程如何，是一件相當複雜的事，有的人可能目前水準一般甚至遭遇逆境，但可能頗有潛力，正在一個爬坡期。

勢利眼無一例外都是短視的人，往往會用最近一次評定或是最近的趨勢來判斷一個人的實力或者影響力，這是不精準的。

你可能看過足球賽，教練安排出場陣容的時候，一定會根據最近一段時間球員的表現來決定，而不是只看這個人昨天的表現如何、上一場比賽的表現如何，如果太關注短期的狀態，可能會誤判有實力的球員。

同理，如果一個人受到了一點小挫折，或是近期沒有什麼搶眼露臉的表現，就認為這個人沒有實力，甚至加以怠慢，那就很容易得罪到有潛力的人，從而成為對方口中的「勢利小人」。

❶多邊關係：借用了政治概念的「多邊主義」，指代人際關係中千絲萬縷，互相關聯的複雜性。

●不留餘地

那為什麼說不留餘地是錯誤的呢？我之前說過「做人留一線，日後好相見」，為人處世，尤其是在相對穩定的職場上，沒有那麼多你死我活的較量，更多的是團結互助的雙贏。把職場當作秀場，而不是生死角逐的戰場會更好。

對一個近況不好、實力下滑的人，冷漠相待容易，如果雙方有過節，刻薄嘲諷幾句甚至還可能讓人產生快感。但是，如果能對落魄受困的人客客氣氣，不落井下石，對自己的職場關係更有好處。因為你不知道現在落魄的人，什麼時候會東山再起，什麼時候會重新回到舞臺上。

●不把人際交往視為多邊關係

可是，為什麼說，不把人際交往看作多邊關係也是錯誤的呢？這是因為，對實力下滑的同事客客氣氣，不僅是對落魄者的尊重、體貼，也能夠讓周圍的人看到你為人忠厚，人們都喜歡結交忠厚老實的人，而不是落井下石的人。

所以，一個人選擇做勢利眼，首先會影響自己的判斷力，然後會得罪被他鄙視的人，最後還會讓周圍的人提防、厭惡。勢利眼不一定是多大程度上的壞人，但一定是愚蠢的人，他們只看到了眼前的好處，卻給未來埋下了各式各樣的地雷。

遇到勢利眼怎麼辦？

認識到勢利眼的本質是愚蠢之後，他人應該也就能得出對付他的辦法了。

首先，不要被勢利眼激怒。他人的憤怒是許多勢利眼的快樂之源，當你沒那麼容易被他激怒，他就會覺得無趣，甚至覺得你這個人不簡單。

勢利眼都是有兩張臉的：一張諂媚的臉和一張冷漠的臉，諂媚的臉送給當紅、炙手可熱的人；冷漠的臉則留給那些看上去沒有前途、沒有希望、不再重要的人。

你走上坡路的時候，通常認不出勢利眼，往往只是覺得他們是友善的人，或是喜愛你的人。只有在處境微妙，遇到麻煩的時候，才能認出一個人是勢利眼，因為他正在背後捅你刀子，對你落井下石。如果你在職場上感受到勢利眼的存在，這可能也說明你目前的位置岌岌可危。

如果你被勢利眼激怒，甚至把勢利眼當作職場危機的根源，那也是找錯了方向。

其次，你應該解決的，不是勢利眼的輕蔑，而是自己的危機。在大多數的職場困局中，矛盾都來自績效的低迷或者和主管關係緊張。想辦法去提高工作成績或者改善和主管的關係，才是遇到危機的人最應該做的事情，即使要和主管之外的同事溝通，也應該把和盟友的關係放在第一位，因為他們才有可能幫助你度過危局。

這個時候，哪怕一點點精力的分散都是致命的，一定不要把精力放在勢利眼身上。注意了，不要把勢利眼當作職場衝突的主要目標，你可以把事情記下來，等恢復了原來的實力，再去跟對方算帳。

最後，我還想多說一句，你可以試試原諒勢利眼，或者僅僅對他們稍微提醒一下。尤其是如果你仍然需要他們的支持的時候，不要做得太過分，當面羞辱勢利眼，指出他們的勢利之處，可能會激怒對方。

無論他是你的下屬還是平級，適度提醒，讓他認識到自己的錯誤就可以了。畢竟，在你順利的時候，對方更可能主動向你表達善意，而你的大度也能贏得周圍人的尊重。

《三國志》中有一段記載，曹操在官渡之戰後，從袁紹那裡查獲了自己部下的書信，這都是下屬私通敵人的證據。這些人看見袁紹強大，就給自己留了後路，去靠攏袁紹，是標準的勢利眼，而且有通敵的行為，抓起來法辦一點問題都沒有。但是曹操沒這麼做，他把所有的書信拿出來，當著手下的面付之一炬，口稱不再追究，因為他仍然需要這些人的力量。

當然，曹操也留了後手，他謄錄了一份寫信人的名單，以便對他們仔細提防。處處留餘地，處處留後手。這就是對待勢利眼的最佳方案，認清了一個人的真面目、明白了他的行事準則之後，再和他社交，其實反而更容易些。

重點精華

◆ 勢利眼不一定是多麼壞的人，但一定是愚蠢的人。碰到勢利眼的時候，不要被他激怒，你愈淡定，他愈收斂。

◆ 你要集中精力解決自己的危機。勢利眼只是一面鏡子，你要做的是改變現狀，而不是打破鏡子。

◆ 友好而防備，是與勢利眼相處的最佳方法。把勢利眼當作一種資源，給他留餘地，也要防他作怪，等自己需要的時候，可以為己所用。

愛恭維和裝熟的人
——到底圖什麼？

有這樣一種人，你在職場上一定見過：他滿臉微笑，特別客氣，他說的話一定都是正面評價。你的每一句話、每一個行動，他都能找到可以奉承的地方。

「看您的社群動態，您的孩子最近鋼琴考試通過了，真的是太優秀了。」

「您對紅酒的了解，真的是讓我大開眼界。」

如果只是恭維一番倒也罷了，他還會盡力尋找和你相近的地方，例如：「您是山東人啊，我也是。」

有的關係比較疏遠，他也會硬扯：「您練拳擊啊，我有個好朋友是柔道教練。」他迫切地想找到你們相近的地方，唯恐沒有立刻找到相同點，你們就無法繼續下一步的社交。這就是愛恭維和愛裝熟的人，有的人可能非常吃他這一套。

但是大多數時候，人們對這種人的觀感並不好，覺得他們是諂媚的人。

恭維和裝熟是怎麼回事？

恭維和裝熟，幾乎不會獨自出現，愛恭維別人的人，幾乎無一例外，都會選擇跟別人攀關係，而善於攀關係的人，往往也喜歡恭維別人。這是因為恭維和裝熟，有著共同的心理機制，為什麼這麼說呢？

我們先來說說恭維者。恭維者的策略是這樣的：我說你很優秀，你感受到了我的善意，也會認同我很優秀。這是先手善意。我先表明我的善意，這在人際交往中是非常好的品質。

那麼恭維和稱讚有什麼區別呢？

稱讚是真心讚揚對方的優點，仔細研究了對方的為人和做事方法之後再進行肯定。

而恭維就要無腦得多，恭維者根本沒有仔細研究別人，因此會顯得特別假。所以，恭維者往往不是什麼社交達人，而是非常渴望社交，但是並不擅長此道的人。

恭維者特別渴望對方的認可，尤其是那種身居高位或者更加權威的人的認可。他們希望自己先認可別人，這樣就能獲得對方的認可。一旦獲得身居高位者的認可，他們就會沾沾自喜，高興一整天，還會順便發個社群貼文，把對方對自己的認可，哪怕只是禮貌性質的認可，記錄下來，分享給身邊所有的人。

那什麼是裝熟呢？裝熟是另一種形態上的恭維，它的邏輯是這樣的：你是一個非常優秀的人，所以你所有特質也都是優秀的，我正好有一個地方和你很像，所以我也是優秀的。有的人攀關係，情急之間是無法找到自己和對方的共同點的，就會用更遠的關係來套交情，各種親戚朋友和對方的相似之處，也都會拿來說嘴。

總而言之，恭維和裝熟的人，他們所渴望的一定是得到別人的認可。這看似是一種示好，實際是一種交換。

這種人期待著恭維你並與你攀關係，能從你這裡換回來友好、認同，甚至是親密關係。如果你對恭維者的熱情無動於衷，或是把厭惡之情掛在臉上，那就麻煩了，他們會覺得自己受到了傷害，記恨你也是有可能的。

恭維的人和勢利的人有什麼區別？

勢利者，奉承強者、欺凌弱者；但是恭維者，即使面對的是實力相當甚至相對較弱的人，也會先去恭維、去討好。

勢利者知道職場上誰強誰弱，他們選擇強者去討好，就是為了節省自己社交的時間和精力。恭維者則是小心翼翼，對好多人四處留讚，閒裡擱置、忙裡使用❶。畢竟恭維人幾句，說不定未來就有無心插柳柳成蔭的好事。

有時候，一些剛入職場的年輕人缺乏經驗，也容易受到一些不良風氣的影響，以恭維者的面貌出現，花好多力氣去討好別人。而且最近幾年，有些人自稱是「討好型人格」，其實這都是陷入了恭維者的狀態。

❶ 閒裡擱置、忙裡使用：意思是有困難的時候才會想起可以求助於某人，一帆風順的時候就把人拋到腦後。

愛恭維的人可以來往嗎？

這種愛攀關係和愛恭維的人，可以來往嗎？

當然可以。因為恭維者本質上並不是壞人，在大多數時候，他們只是還沒有摸到生存之道的人。

社交中的他們更像是小孩子。如果有良好的教養和知識儲備，恭維者也可能「進化」，他們能夠得體地稱讚身邊的人，成為出色的社交達人。

雖然恭維者可以相處，但是該如何相處就很有講究了。

下屬是恭維者，應該注意什麼？

如果你的下屬裡有恭維者，他可能是最積極響應你的提議，最願意為你跑腿、幫你做雜事的那個人。

但是，在用他的時候也要注意這幾點：小心使用、嚴防通敵、鼓勵業務。

●小心使用

先說小心使用。恭維者的性格不夠獨立，容易受人影響，盡可能讓他做一些執行層面的任務，小心讓恭維者獨挑大梁，因為他實在是太想別人說他好了。讓他對接客戶或者合作夥伴，他很可能會因為渴望對方的認可而犧牲自己公司的利益。

此外，當恭維者笨拙地去討好別人、跟別人攀關係的時候，對方也可能會看出他是恭維者，從而對負責人、對你們公司起了輕慢之心。

●嚴防通敵

再說嚴防通敵。恭維者渴望權威的認可，這個權威可不僅僅是你這個主管。大多數的恭維者，都會對公司裡一切比他身分、地位、年資高的人非常在意，也想要獲得他們的認可。

你的恭維者下屬，可能會在你沒注意的時候，就對隔壁部門裡你的對手大拍馬屁，說一些表忠心的話。你可別覺得他性格如此，就這麼忍了；如果別人給他一些肯定、稱讚，他就可能在不知情的情況下，出賣自己的主管。

這個時候你要教育他，要告訴他「某某部門和我們有競爭關係，每句話都要謹慎」。你不教他，他吃虧是早晚的事；但是你吃虧，可能就在眼前。

你要教育恭維者，卻也要容忍他可能對別人低三下四、近乎卑微的那種姿態，不能隨便覺得他「投敵叛變」。要記得，大多數恭維者都是相對笨拙和不得體的。

●鼓勵業務

最後說鼓勵業務。過度注重人際關係可能會影響工作，恭維者的時間用在內耗和無效社交上，業務是很容易生疏的，所以要多鼓勵恭維者在業務上精進。

比如，你可以給他分派一些讀書、學習、分析思考的任務，這對他的成長會很有好處。他渴望你的認可，你就在業務這個層面上去認可他，如果他想討好你，就得在工作上用成績討好你。

而且，這種安排還會有一舉兩得的效果：一來可以讓恭維者沉下心來，對他的成長有好處；二來能防止他被外面的力量左右，你作為他的主管也會更加安全。

同職等的同事是恭維狂，要注意什麼？

如果同職等有恭維狂，可能會讓你痛苦不堪。因為恭維狂會引發部門內人際關係的惡性競爭。他拚命吹捧主管之後，會引發整個部門的巴結程度大幅度上升。

這個時候一定要控制好自己，不要在無效社交場上跟著恭維狂加碼。他拍主管馬屁二十分鐘，你就加碼稱讚半個小時，最後把正經事都耽誤了，這肯定不行。就算全部門都去巴結主管而不幹正事，你也應該做好自己手上的事情。

大家都不幹活，幹活的人才會更可貴。這個時候，你認真去解決工作上的麻煩、替主管分憂，工作上遇到困難，跟主管一對一地談話、請示彙報，很快就會顯示出你的實力來。

至於恭維者，和他正常工作合作沒有問題，只要防範他用你的工作邀功就可以了。怎麼防備別人搶功勞？永遠直接對自己的主管彙報，不要假手他人。

沒有必要和恭維者保持親密的私交。恭維者可能確實不是壞人，但職場社交，不是人品及格的人一定要交，而是要交有幫助、有實力、對你的成長有益的人。

恭維狂如果恭維你，記得趕緊稱讚回去，不要欠他的人情。如果這個人實在沒什麼可誇的，也可以說這句：「我就喜歡你這種生活態度，這麼積極跟正能量，永遠都能看到光明的一面。」

畢竟完全不呼應恭維狂的恭維，可能會被他們怨恨。雖然他們實力較弱，但要壞你的事卻也不難，得罪他們也可能會給自己埋下隱患。

你如果把他們的恭維當真，那很可能會認不清自己的實力，陷入自我膨脹，容易在職場上犯錯，反而被真正的敵人抓住了機會。

重點精華

◆ 愛恭維和裝熟的大多是渴望被權威認可的人，為此他們會先認可別人。

◆ 勢利的人只巴結有實力的人，愛恭維的人可能對所有人都討好。謹慎任用恭維者下屬，提防他們去巴結別的權威，同時督促他們在業務上成長。

◆ 如果同職等的同事是恭維狂，記得不要學他，而是要幫你的主管排憂解難。

萬事先求人的人

——要和他們儘快「切割」

不知道你有沒有遇到過這樣一種情況。你們部門一直缺人，雖然有一個空缺，但是招來招去，都沒有可靠的人，每個人都做著額外的工作，經常忙中有錯。

終於，主管帶來了一個新人，請大家多幫助他。你看著這位新人，年輕人人看起來挺有精神，自我介紹時說話文質彬彬的。關鍵是他為人還十分謙虛，給人感覺客氣客氣的。

「我的經驗不足，還請大家多幫助我，我先謝謝大家了。」

你暗暗鬆了一口氣，覺得這傢伙看著挺可靠，應該不會扯大家後腿，也按照主管的指示，把相應的工作交給了新人，也寫好了SOP，甚至還跟他分享了自己的經驗心得。

第二天，新人拿著工作來找你了。「姐（哥），這項工作我不會，您這次能不能先幫我一下，我來看一看，熟悉一下？」

你看著這張謙虛的臉，覺得有點不可思議，分明看上去人也不笨，為什麼教了一遍還是教不會呢？你決定再解釋一遍。兩個小時之後，他好像聽懂了，去忙了，你也終於能空出時間做自己的工作了。

第三天，他又從ABC開始問你，好像一切都沒有發生過。「我還是不太明白，您這個月能不能再幫我一次？」

下個月，還是同樣的事項，還是同樣的笑臉，新人又一次跑來求助你了。後來你發現，別的同事也開始吐槽：

「那傢伙根本就不行啊。」

「還是拉不下臉，你看他多會求人。」

「能力這麼差還能進來，應該是跟長官有親戚關係吧。」

這種人在職場上很常見，如果你覺得這是他還沒有適應工作環境，是新人期的陣痛，那就大錯特錯了。

幾個月之後，他就會成功進化成嬉皮笑臉、死皮賴臉的老油條，各種求人幫忙。從取份文件，到下樓拿個外送，再到工作上的任務，通勤時候的蹭車，他能成功地把別人出於好心替他做的所有事都變成別人的事，如果你不慎沒辦好，還要被他絮絮叨叨說個沒完。

這就是萬事先求人的人，這種人推諉自己的所有任務、事情，只要能把事情推給別人，就絕不手軟。

當然了，你身邊的這種人，可能沒有案例裡的這麼極端。不過這種人在職場上很常見，而且他們的破壞力雖然緩慢，但特別驚人。

他們到底是怎樣的人？

萬事先求人的人，大多數本質上都是沒擔當的人。

「關係未成年人」是那些在人際關係中嚴重依賴父母、配偶、同事，無法獨立做決定，也不願意承擔任何責任的人，他們往往在情感上依賴他人，喜歡撒嬌，總是把自己的事情甩給別人，喜歡遷怒於人。

這種人不願意費力氣、做選擇、擔風險，在職場上和情感關係中，「關係未成年人」都是非常令人頭疼的人。因為他們不會按照成人世界的規則「出牌」，而且希望用情緒去影響別人、控制別人，喜歡賣慘、哭窮、裝可憐，讓別人因為同情和憐憫而為他們做事、為他們付出。

沒擔當的人正是「關係未成年人」中的一種。關係未成年人在職場上應對工作的時候，往往就會表現為沒擔當，他們總是希望用各種方式把工作甩給別人，能賴就賴。

這種人如果是面目可憎的老同事，你也許不會買他們的帳。但是，如果他們以新同事、新人的面貌出現，很多人都會被他們迷惑。

他們用不熟悉、不了解為藉口，掩蓋自己不想做、不想動腦子的實質，體面的職場人往往會對新入行或者新換工作的同事抱有善意，這就中了他們的招。你以為是在教一個小白，日後他會感激你；其實是在幫一個懶鬼，他不止壓榨你，還自鳴得意。

還有一類萬事先求人的是資質比較差、工作能力低下的人。不過這種極端情況非常少，這些人也沒有「綁架」別人的能力。你拒絕他們後，他們很容易退縮，面對這種人不要聖母心發作試圖拯救他們就行了。

大多數情況下，沒擔當、所有事情都求人的人，都是聰明的，狡猾的，善於利用別人、影響別人的高手。他們不怕欠別人的人情債，對你的幫助受之坦然，覺得是理所當然，他們把「互相幫助」掛在嘴上，但幾乎不會幫你的忙，偶爾幫一把也能炫耀上一個月。

此外，這些人也是極度缺乏主觀能動性的人，他們沒有工作和進步的意願，但是對利益分配和晉升機會絕對不會手軟。沒擔當、不怕欠人情，對工作不去想也不願意想，還貪心，這就是大多數萬事先求人的人的本質。

萬事先求人的人會帶來哪些危害？

分析完了他們的本質，再來看看這種人通常會帶來哪些危害呢？簡單來說就是四點：主管被拖累、同事起衝突、團隊生猜忌和風氣被敗壞。

●危害一：主管被拖累

先說主管被拖累。對部門主管來說，最舒服的狀態是如果用心做工作，就能出成績；如果一時有什麼事務纏身，部門也能自行運轉，不至於出事。部門的自行運轉有一個必需條件，就是每個同事都能勝任自己的工作。

萬事先求人的人，不能勝任自己的工作，主管就必須在團隊內部協調，指派別的同事幫助他們，名義上的工作分配和實質工作就會不同，這會給主管增加額外的工作量和職場損耗。有些性格軟弱或者思路不清晰的主管，就會轉向去欺負更本分、更忠誠的下屬，上下級之間的不快就此產生了。

●危害二：同事起衝突

接著說同事起衝突。自己能力不夠或是懶惰逃避，把工作扔給同事，這會引發非常嚴重的衝突。對萬事先求人者，心軟或是喜歡討好別人的同事，會接下對方甩來的工作，心生怨念而又厭惡跟人起衝突；比較有原則的同事，則會堅決不接對方甩來的鍋，這就會造成同事之間的衝突。

●危害三：團隊生猜忌

再來看團隊生猜忌。只要主管犧牲更老實本分的下屬，縱容團隊內出現新的不平不公，就會有各種各樣的謠言出現。

我前面提到的，大家懷疑萬事求人者跟上面的長官有關聯，這算是比較溫和的一種謠言了。現實中，如果部門主管和萬事求人者是異性，大家一定會首先懷疑他們有某種親密關係。這種關係如果坐實，或者非常可疑，同事們一定會離心離德。

●危害四：風氣被敗壞

最後說說風氣被敗壞。萬事求人者不太可能空手套白狼，有的人為了能夠更方便地甩掉任務，確實可能會和主管或是能夠幫助他的同事，發展某些親密關係。辦公室戀情是非常危險的戀情，如果再有婚外情的情形，更會讓全部門的風評受損。

此外，還會敗壞團隊風氣。團隊裡努力上進的風氣，會因為一個萬事求人的傢伙而變得蕩然無存。

萬事求人者的出現，就是給團隊捅軟刀子。明明沒有挫折，團隊卻從內部被瓦解。如果沒處理好他，團隊所有人都會是輸家，萬事求人者沒認真工作過，卻白白蹭了成就。等團隊解散了，他一定是拍拍屁股就走。

如何對付萬事先求人的人

萬事先求人的人，不太可能是你的主管，他也沒什麼可求你的，直接命令安排你去做就好了。

如果萬事求人的人是你的平級同事，只要果斷拒絕求助就夠了。這對一些人來說非常容易，但是對一些比較注重「同事關係」、「與人為善」、渴望討所有人喜歡的人來說，非常難。因為說「不行」這兩個字，要好好練習、做很多的心理建設才能做到。

如果你很難拒絕別人，那就再想一想這種沒擔當的人的危害，想到他會坑害你的主管、讓同事們反目成仇，要拒絕他，就有了勇氣。

如果萬事先求人的人是你的下屬，那一定要儘快切割。

萬事先求人的人，一定藏不住。有的會在試用期露餡，有的熬過試用期後一、兩個月，也會暴露出來。身為主管，一定要果斷下決心，趕緊辭退他。哪怕公司人資對資遣費表示不滿也一定要堅持。千萬不要因為這個人是自己挑的就硬著頭皮留下，留下就是個未爆彈。

還有一種棘手的情況，這個人確實有一點關係，是上面的長官要求你用的，裁掉他幾乎沒有可能。

這種時候就要跟主管哭哭慘，收了一個不好用的人，你不抱怨，他就會矇混過關，如果你不能裁掉這個人，那就想辦法跟主管要點什麼別的東西。比如換來更多考績優等、晉升的機會，同時盡量讓那個有關係的人不納入你的成績考核，然後哄著這個人，不搗亂、不鬧事就行了。

上面給的東西愈多，你能在部門內部分配的資源就愈多。忍一個沒本事、沒擔當的人，要來一些東西，補償給那些因為這個傢伙額外付出的好下屬，部門成員會明白你的苦衷，也會接受這個現實的，公平評價、公正分配，是最好的馭下之道。

重點精華

◆ 萬事先求人的人，其實是沒有擔當的「關係未成年人」。

◆ 這種人不願意對工作負責但熱衷名利，他們如果得勢，會拖累主管、敗壞團隊風氣。

◆ 遇到這樣的平級同事，什麼事都要盡量拒絕；下屬裡有這樣的人，能裁掉就裁掉，實在裁不掉的話，就看看能不能從上級那裡換點資源。

愛傳流言閒語的人

——如何避免被這種人中傷？

民營企業也好，公家機關也罷，都有一些暗處的眼睛和耳朵。你的一舉一動，比如偶爾的閒談，聊電話時說出的一句話，都會被這些耳朵和眼睛的主人收集起來。

他們可能還會捕風捉影，腦補一堆惡劣的情節。比如你對哪位主管不滿、拿了哪家公司回扣、在外頭欠了債快破產了等等。他們會把這些惡毒的揣測傳遍整個辦公室，讓你有口難辯，悲憤交加。

你可能也遇到過這樣的人，沒錯，這就是愛傳流言和閒語的人。

為什麼有些人愛散播流言？

你一定聽過「狼來了」的故事，不同種族、不同民族都有這個故事，它表現的就是人類共同的難題。

傳謠言這種吃力不討好的壞事，每一代都有人來做，說明這件事有些誘惑，符合人類的劣根性。在我看來，不負責任地散播謠言、中傷他人，至少有三個好處：貶低潛在的對手，獲得身邊人的關注和認可，獲得職場權力。

●貶低潛在對手

先說貶低潛在的對手。每個人都知道職場上有競爭，有些機會轉瞬即逝。一個人領先了一步，很可能就會占據先機，一直領先，很難被超越。

對待競爭，有的人會選擇奮起直追，有些人會「迂迴」到有機會的部門或者跳槽，也有的人幻想做的事情，是把跑在前面的人拉下來。愛傳播流言的人就是這麼看待職場競爭的，把你踩下去，他就能上來。

●獲得身邊人的關注與認可

再來看看獲得身邊人的關注和認可。一個人如果掌握了一些傳言，他就可以在談話中掌握話題的主導權。

如果你是一個能力出眾、做事非常踏實的人，會覺得：「這有什麼意思，變成一次聊天的焦點難道很重要嗎？」但對有些人來說，他們會痴迷於這種關注，甚至為此鋌而走險。

現在，很多網路社交平台上，每年都會有人對一些災難事故造謠，這些人也會因此受到法律的懲處。但是，在公司裡傳流言蜚語的代價要低得多，比如謠傳某人拿了合作公司的回扣、某人在身體或者精神上有缺陷等。

被傳謠的人往往要疲於奔命地去證明自己。而一旦闢謠成功，傳謠甚至造謠的人只要一句「我也是聽人說的」就能逃脫追究了。

●獲得職場權力

最後說說獲得職場權力。傳謠者除了能夠收獲關注，也能夠獲得非常真實的權力。一些職場經驗不夠豐富、容易輕信他人的人，很容易認為傳謠者的實力非常強大。

「他能打聽出來這些消息，一定有自己的消息管道吧。」

「這個人好厲害，不要惹他，不然以後會有麻煩。」

其實傳謠者根本就沒有什麼管道，都是聽一點小道消息，再自己補上想要的一切。

當一個小規模內部的壞話，變成一個影響了部門、公司甚至行業的大謠言的時候，傳謠者就會成為眾人畏懼的人。可是，他哪有什麼人多勢眾，只是把樂意聽八卦消息的人都綁架在了自己的戰車上而已。

他們到底是什麼樣的人？

我列舉幾個特質，你可以嘗試著去辨別一下。這幾點都符合的人，很有可能就是一個愛散布流言的人。

比如，他可能是合法競爭中的失敗者。流言是落後者的武器，也是最廉價的武器。一個已經占盡上風、當上部門主管的人，可以有很多手段去對付底下和自己不對盤的人，但是下打上、弱打強，很多都是使用謠言做武器。

又比如，他缺乏同理心，不會站在別人的角度上思考，對別人的苦難沒有同情之心。因為傳謠者根本不在乎你難過不難過，無辜的人會不會受到傷害。他們以道德化身自居，卻對自己根本沒有任何道德要求。

再比如，他的情緒控制力很低。在聽到謠言的那一刻，幾乎是帶著狂熱，已經做好了添油加醋、轉述八卦的準備，卻對求證一件事毫無耐心。

所以，工作上不得意、自以為是、帶有瘋狂的道德狂熱、毫不體諒、缺乏判斷力，這就是愛傳謠者的特徵，一定要小心這樣的人。如果有對你不利的謠言出現，就要優先考慮是不是這種傢伙幹的。

如何防備愛傳流言的人？

其實，這些愛傳謠的傢伙看起來並不凶猛，也沒有太強的攻擊性，但是產生的毒素卻可能經久不散。比如，和一個強勢的同事爭吵，你可能會生氣一晚上。但是，一個惡毒的謠言傳出來，這種傷害持續到三、五年後，那都是可能的。

所以，對付傳謠者，我們要注意四點：不主動冒犯；偶爾小恩小惠；絕對不跟對方交心；聽聽也無妨，但要把自己「綁起來」（不為所動）。

先說不主動冒犯。對那種有傳謠潛在特質和「前科」的人，不要主動去攻擊他、刺激他，因為他有「毒牙」。

接著說偶爾小恩小惠。不要排斥用小恩小惠來收買別人，即使是先哲孔子也相信這一點，小人是可以被利益驅動的，即使你不願意用利益去收買、驅動小人，但那適當的小恩小惠也會讓對方減少一點對你的惡意和攻擊。

接下來是絕對不交心。和傳謠者的溝通盡量只控制在多人場景，最好是有三、四個人在場，這樣對方和自己的交談會有見證人。同時盡量只聊安全話題，私下給對方說一點自己家裡的事，未來說不定會被他傳成什麼樣。

最後，如果你一定要聽對方說八卦，記得把自己「綁起來」。希臘史詩《奧德賽》（*Odyssey*）裡有一個劇情，主人翁奧德修斯的船隻經過一個海灣，旁邊的小島上有賽蓮女妖（Siren），能唱迷惑人心的歌曲，將過往的船隻引向小島。所以，奧德修斯要把船員的耳朵用蜂蠟堵上，再讓他們把自己綁起來，不然就會陷入賽蓮女妖的魔音，無法活著離開這個海灣。

現實生活中，謠言就像賽蓮女妖的魔音，而八卦是一些人的劣根性，如果你一定要聽對方傳播的流言，記得要把自己「綁起來」，聽完之後不要去繼續傳播。

另外，儘管有些強大的職場玩家會利用傳謠者，但我建議，還是不要輕易挑戰這種大規模殺傷性的武器。傳謠者不是牛或馬，而是不能馴化的野驢，你要用牠當坐騎，很可能會先傷到自己。

遇到謠言攻擊，應該如何反擊？

即使你已經知道怎麼防備傳謠者，很多時候還是會防不勝防，被謠言攻擊。如果你在職場上遇到過謠言攻擊，可能會有這樣的苦惱：

想說給周圍的同事聽，只怕他們有的人還沒聽過謠言，擔心自己一說，反而把謠言又傳了一遍。但是不說的話，謠言會愈傳愈多。

這種時候，最常見也是最有效的策略，就是用行動闢謠。比如，如果有人說你的婚姻快破裂了，那第二天就讓你的配偶跟你會合，接送下班，兩個人親親熱熱的，謠言不攻自破。

漢高祖劉邦和項羽打仗的時候，胸口曾經被一箭射中，身受重傷，回營之後，關於漢王已經死了的消息就傳開了。張良這時候趕緊讓劉邦起來，去各營地巡視，用行動來擊破謠言，將士們果然都安定了下來。

但是，闢謠只是所有工作的第一步，別忘了，職場上最重要的關係是你和主管的關係。這時，你要跟主管解釋清楚事實，同時還要認真請教和求助。

求助的時候要這樣開口：「公司裡出現了這樣的謠言，我雖然是第一受害人，但同時也在傷害團隊、影響工作，我想知道，如果您是跟我一樣的處境，您會怎麼做？」

如果你得到了證據，也要拿出來：「我覺得是某某在造謠，我手上有證據。」

職場上的流言不會直接傷人，它們傳進主管的耳朵，主管信了，才會起作用，才會對你造成傷害。特別離譜荒誕的流言，說不定還會讓主管同情你，或者跟你同仇敵愾。

接下來，就是好好利用你的盟友。遇到流言，盟友愈多，你的局面就愈有利。流言是一對多的幾何式傳播，如果信任你、對你友善的同事居多，有的人可能會在流言第一輪傳播的時候就出面打斷：「你說得不對，×××不是這樣的人。」

傳謠者最痛恨的，就是自己精心設計的流言，被阻擊、被打斷，他們可能會很快失去興趣，轉向別的目標。雖然不是所有的盟友都會站出來維護你，但是他們至少會私下跟你通風報信，告訴你誰在散播謠言。

如果對方已經造謠成功，部門裡的人都半信半疑了，還有一個辦法。確認造謠、傳謠的人之後，直接跟他起一次衝突。一定要吵得凶一點，用工作上站得住腳的理由，讓公司的人都看到你們有恩怨，而且積怨很深，未來對方再給你造謠，周圍的人就會覺得：「他們有私怨，所以他說的這件事，恐怕未必是真的。」

注意，這件事一定要在你跟主管解釋和求助之後。如果沒有這個鋪陳，你和傳謠者可能都會被主管視為想惹麻煩的人。

重點精華

◆ 散播謠言是為了踩對手、博取注意和「綁架」同事們從而獲得權力。謠言是弱打強的武器，傳謠的人不會手軟，也不會同情你。不要招惹，更不要加入或者利用傳謠者。

◆ 謠言出現了，要用事實和行動闢謠，而你和主管的關係在這一刻是最重要的。

◆ 如果你有擁戴你的下屬或者同事，就能適時地阻擊謠言；信任你的人愈多，你愈不容易被傷害。

Part 3

反常的人

先不要被激怒，再反制

有些傢伙特別氣人，
他們尤其知道怎麼毀掉你的心情，
這些「奇葩」為什麼會這麼說、這麼做？
我來告訴你答案。

赤裸裸談論利益的人
——可以信任嗎？

你可能在職場上遇到過這樣一種人：他們的臉上似乎寫著，對一切人類美德和規則的不屑。他張口就是：「沒有永遠的朋友，沒有永遠的敵人，只有永遠的利益。」就在你目瞪口呆時，他還會得意洋洋地說：「你也要記住，不要被什麼江湖道義綁手綁腳。」

如果喝了幾杯酒、唱了幾首歌，他可能還會裝出一副掏心掏肺的樣子，對著年輕同事大放厥詞：「你得給別人好處，別人才會幫你，人和人就是利益連接的，什麼欣賞啊、什麼友誼啊，都是胡扯。」

這種赤裸裸談論利益的人，私底下還有一種稱呼就是「真小人」。

對這種人的評價非常兩極化。有的人說：「這個人目無規則，不可交，你跟他打交道，他隨時會出賣你。」有人則說：「真小人比偽君子好得多，至少他們什麼利益都擺在檯面上說。」還有的人會生出憐憫之心，覺得這個愛說冷漠殘忍話的人，一定是經歷過很大的打擊或不幸，也許在他那種憤世嫉俗的話語背後，還藏著一個真誠易碎的靈魂。

到底誰說得對呢？聽起來都有道理，但其實都不準確。這一節我就來給你講透，這種赤裸裸談論利益的人。我們一起看看，真小人是怎麼形成的，他們的弱點是什麼，以及應該如何跟這種人相處。

真小人是怎麼形成的？

什麼樣的人才算是真小人呢？他們必須符合兩個條件：首先，這個人相信，人和人之間關係的本質是利益交換；其次，這個人經常會把這種念頭講給別人聽。

請注意，除了實力和利益，什麼都不信的狠角色，並不是真小人。真小人和這些狠角色有非常顯著的區別，因為他們特別在乎散播自己的理念，而且以此為榮。

為什麼會這樣呢？因為真小人都是極度自戀的人。他們反覆地傳播自己信奉的那些信條，把一些看上去帶有冒犯性的話掛在嘴邊。這就說明他們極度渴望引起別人的關注。他們明知道冒犯性的言論會引起別人側目，但還是忍不住去追求那種似是而非的「深刻」❶。

真小人希望把「我是一個難搞的人」的想法公諸於世，希望做了這麼一個表態之後，所有的人都會老老實實的，不再去招惹他。可是，這種想法本身就是大錯特錯的。因為人際關係中並不是你用了一個策略，未來三十年就能一勞永逸的這種神話。

所以，如果一個人內心相信利益至上，並且不斷傳播這種理念，才算得上是真小人。

真小人的弱點

在各種歷史人物中，呂布的角色就非常接近於真小人。這個人對仁義道德不屑一顧，覺得天下人都是裝腔作勢、利慾薰心。他宣揚一種靠著力量生存、依著利益結盟的理念。曹操說呂布是鷹犬，要讓他做自己的打手，他就表現得興高采烈。

這就是真小人的通病，也是他們的弱點：虛張聲勢、言多必失和過度短視。

先說虛張聲勢。如果你玩過德州撲克，可能知道有些人手上的牌明明很小，卻吆五喝六甚至挑釁對手，讓對方覺得自己的牌很大，嚇得對方退出比賽。這就是德州撲克裡的「詐唬」（虛張聲勢）。

在職場上，真小人也是如此。他們是相對比較邊緣的人，要麼起點很低，要麼前途不順，這種人沒有什麼可以經營的人脈或者值得利用的資本，偏偏又對自己的期待非常高，這就使得他們傾向於顯得比自己真正的實力強大得多。

歷史上，呂布殺死董卓之後，就一直在走詐唬的路子，仗著自己名滿天下，到處想著算計別人的地盤。他對付劉備遊刃有餘，但是真的遇到袁紹、袁術和曹操這些實力強大的人，他的詐唬就不靈了。

所以，虛張聲勢並不能成為真小人的日常策略，他們的行為只能嚇退那些謹慎的人。

再說言多必失。真小人過度的自我暴露，會給自己帶來風險，他們會不斷變著花樣，重複表現「我是一個危險人物」，這會讓一些人心生厭惡，和他們為敵。

---

❶ 深刻：此處是指自認見解深刻，把人情世故看得很透徹。

而且，真小人每次關於利益的宣言，都會把自己的野心透露給身邊的人聽，從而引起別人的防備。

最後說說過度短視。人和人之間是利益的連接，這話沒有錯。但一到求人的時候，就立刻去送禮給錢，這就是被利益推著做事，也是一種短視的行為。

如果眼光放長遠，結交那些看上去還沒有太強大的夥伴，同情弱者，改善自己的風評，這是講利益還是談理想呢？

其實，理想、規則、道德和利益，本來就是一體多面。尊重一切社會良俗，本身就是為長遠的利益考慮，這是更明智的作法，比真小人的幼稚行為要高明得多，也好看得多。

所以，要會講大道理，會把大道理講得有趣，會把大道理講到生活中，講到人情裡，這才是真正的關係達人。

而真小人的生存策略，其實就是用亮牌的方式，獲取短期的利益或是社交注意。但是真小人的手中無牌，很輕易就會被看穿，實際上並不會改變他的社交狀況，對他自己一點好處也沒有。

平級同事是真小人怎麼辦？

說完了真小人的弱點，我們再來看看，如果和你同職等的同事是一個真小人，你該如何和他相處？我總結了四個要訣：不要欣賞、絕不依靠、在商言商和不要規勸。

●要訣一：不要欣賞

第一，不要欣賞真小人。有的人可能會覺得，真小人還有那麼一點可愛。尤其是有些真小人，喜歡攀比曹操，他們覺得那句「寧教我負天下人，休教天下人負我」，就是真小人這個門派的傳世名言。

這就是學藝不精亂用典。這句話出自小說《三國演義》，化用了野史裡的一句「寧我負人，毋人負我」；所以，千萬不能把小說當歷史資料看，更不能把小說臺詞當作人物真相。

在歷史上，曹操是個狠角色，而且他最知道怎麼講大道理。曹操的自述文章《讓縣自明本志令》裡有一句「設使國家無有孤，不知當幾人稱帝，幾人稱王！」就是典型的闡述大義。意思是，天下要是沒有我曹操，不知又有幾人稱帝稱王。

曹操非常清楚怎麼做對自己有利的事，怎樣說對自己有利的話，他是政治家，可不是真小人。所以，不要把真小人的話當真，更不要去稱讚和表達欣賞，那是拿自己去給他們背書，會降低你的風評。

●要訣二：絕不依靠

第二是千萬別依靠真小人。他沒有所謂忠誠和道義的概念，隨時都能背叛你，而且他很樂意把這種念頭告訴所有人。這就說明，道義譴責和感情羈絆對他來說都沒有用。

如果真被小人背叛，你只會遭到身邊人的嘲笑：「他已經大聲嚷嚷自己不是好人了，你還要信賴他，怪誰呢？」

●要訣三：在商言商

第三是在商言商。真小人既然明說了自己願意被利益驅使，那麼驅使他們的最好辦法就是許諾利益。真小人的宣言還有一個隱含的條件，那就是他們也做好了被別人出賣的準備。

●要訣四：不要規勸

第四是不要規勸。真小人變成現在的樣子，情況非常複雜。千萬不要想著去教育他。所謂忠言逆耳，他很可能因此對你懷恨在心。規勸是朋友之間才適合做的事情，你和真小人之間既然是利益關係，就不要做這種吃力不討好的事。

記住了，與真小人相處不要太上心。他只認利益不談感情，需要用到他的時候，也只和他談利益就夠了。

下屬裡有真小人，要特別提防

說完平級同事是真小人的情況，如果你的下屬裡有真小人，我還要囑咐一些需要特別留神的地方，因為他們很多時候能壞了你的事。

如果團隊裡有真小人，可以試試用這三個招數來減少損失：單獨談話、分割包圍和高帽奉承。

●招數一：單獨談話

先說單獨談話。對待真小人下屬，最好是直截了當地告訴他，他的行為讓你很困擾。比如，他故意公開對升職加薪的制度表示不滿，你可以跟他說：

「你也是老員工了，有些話可能是對的，但沒有必要公開說，年底有加薪的機會，我已經把你報上去了，別讓人說閒話，自己把機會給浪費了。」哪怕他是多個加薪人員當中的一個，也要把這件事當利益說給他聽。

●招數二：分割包圍

再說分割包圍。要把他和別的下屬，尤其是那種年輕的、容易受他影響的同事分割開來。找這些下屬談一談，跟他們分享一下年輕時候努力的心得，樹立正面榜樣，真小人就很難拆臺，很難打入了。

●招數三：高帽奉承

最後說說高帽奉承。有的真小人確實有點工作能力，這個時候該認可要認可。要記得，真小人是渴望關注、渴望被認可的人。你即使對他的人品和世界觀不贊同，只要對方能夠漂亮地完成任務，就值得稱讚。

給真小人高帽奉承並不會治好他，這樣的人很難改變，但是這種作法更像是一種病毒抑制劑，能讓他不去危害團隊。

別試圖改變真小人，也不要對他心存幻想。一定要記住，別覺得赤裸裸談論利益的人，會有一個稍加關懷就成了暖男的靈魂。這又不是拍電視劇。

重點精華

- 真小人極度自戀，渴望別人的關注且愛用詐唬策略，熱愛輸出世界觀，還非常短視。
- 如果平級同事裡有真小人，不要欣賞、絕不依靠、在商言商、不要規勸。
- 如果下屬裡有真小人，記得不要讓他們腐蝕你團隊裡的年輕人，可以偶爾稱讚一下，但永遠不要對他們心存幻想。

愛賣慘的人
——到底有什麼目的？

你可能在社交媒體上看見過一些得了重病的人，或者是遭受過嚴重自然災害的人，這時候自己會想拿起手機給對方捐一筆錢，就是單純地希望這位陌生人的情況能變好。這就是人類彌足珍貴的同理心。

如果是相熟的人遇到了困難，你不僅會在金錢上相助，也會在情感上加以安慰：「一切都會好起來的，不好的事情都會過去的。」

可是，偏偏有一種人，他就永遠過不去生活的坎兒。

當你第一次聽到他的淒慘遭遇，會覺得這個人需要幫助，並竭盡全力幫他，而且在未來的日子裡盡可能地對他友善。

你給他介紹工作機會，把他推薦給自己的朋友，幫他賣家鄉的土產……

但是，後來你發現，這個人傾向於把自己的一切遭遇都往悲慘上解釋。他的遭遇就是他的社交資源，他希望所有人都同情自己。他遇到的所有壞事，都是收獲新關係、維繫老關係的本錢。

這其實就是一個賣慘❶的人。那應該怎麼區分一個人是真慘還是在賣慘？這種賣慘的人有哪些類型？如果不慎和一個賣慘的人糾纏在一起，應該如何擺脫他？下面我就來分析一下賣慘的人。

❶賣慘：賣弄慘狀、打悲情牌以博取同情之意。

賣慘的人和真慘的人是兩回事

生活中，談論自己的悲慘遭遇並不就是賣慘；人遭遇不幸的時候，把經歷說出來確實是一種非常有用的緩解方式。因為傾訴能讓自己恢復內心平靜，緩解壓力；還能夠獲得朋友的支持和幫助，也能給朋友提供經驗教訓。

那到底該怎麼區分真慘的人和賣慘的人呢？

●區別一：否定自己

如果細心觀察，你會發現，真慘的人在傾訴自己的苦悶時，往往只說事情，也只對事情發表議論；不會反覆講述自己的悲慘遭遇，說完一次，就整裝出發了；也不會拿苦難當作社交資本，只會說給親近的朋友聽；而且，家人朋友安慰、鼓勵後，他會表示感謝。

而賣慘的人就全然不同了。第一，賣慘的人會從事情不行直接說到自己不行。

「我果然是什麼都不行啊。」

「我真是個廢物啊。」

「我真是厄運纏身啊。」

這時候心地善良的你，別無選擇，只能一直安慰他。

●區別二：拉你一起痛苦

第二，賣慘的人會用高濃度的情緒籠罩你。他會拉著你一起沉浸在他的情緒中，讓你也逐漸陷入泥沼痛苦不堪。若要讓自己恢復平衡、變得舒服一點，就只有先拯救他。於是你開始幫助、改善他的局面、幫忙處理工作，甚至替他向厭惡他的主管求情，深度介入他的各種麻煩。

●區別三：道德綁架

第三，賣慘的人會有非常明顯的道德綁架行為。如果你試圖離開賣慘者，他就會端出自己的絕望給你看：「果然朋友也要離開我了！」或是「怎麼活著這麼難啊！」一旦你心軟了，決定幫他，麻煩就來了，上述提到的種種情況就開始循環往復。

●區別四：見誰都賣慘

第四，賣慘的人見誰跟誰賣慘，恨不得為自己的遭遇寫一本傳記。於是你只好勸自己，他就算不是個好人，好歹也沒什麼大錯。如果這麼想，那可就錯了，你想要救的根本就不是一個正常人，而是一個行走的人設❷和手段。

他們的目的只有一個：零成本獲得你的一切資源和幫助。

三種不同路數的賣慘者

你可能會想：如果賣慘的人處境改善了，我幫他把麻煩解決了，他是不是就可以變成看起來比較正常的人了？並不是。很多被賣慘的人纏上的好心人，都是這樣一點點淪陷的。

你永遠都不會是他的最後一個朋友，他也永遠不會把你當真朋友，他只是在盤算你有多少資源，有多少可以利用的價值。當你不再有價值，被徹底吃乾抹淨的時候，他就會盯上下一個目標了。

賣慘的人有哪些招數呢？我總結了三種類型：販賣理想、控訴不公、反思原生家庭。

● 類型一：販賣理想

先說販賣理想的賣慘者。有時候我們會在創業圈遇到這樣的人，他把自己的公司做得一團糟，跟合夥人、投資人的關係也搞得一團糟，拖欠了許多員工薪資與客戶款項。但是，他卻會情深意切地在公開的社群帳號上寫長文，說自己是如何賣了房子追求理想的，多少人背棄了自己，多少人不理解自己，現在就快活不下去了等等。

可能真的會有不認識的人去替他點讚叫好，還賣力轉發，覺得他是一個理想主義者。因為很多人對驚心動魄、轟轟烈烈實在是太嚮往了，以至於此時根本不會去分辨，這人到底是真有理想還是胡說八道。

遇到談論理想的賣慘者，你要看好自己的錢包，千萬不要隨便投資、借錢給對方，還得保護好自己的人際關係，不要隨便介紹有錢的朋友給他認識，免得遭埋怨。

●類型二：控訴不公

再來看控訴不公的賣慘者。其口中的世界，永遠對他抱有敵意。比如公司老闆是無良資本家，同行是狠心賊，部門腐敗，同事貪婪……總之，都是他被辜負、被傷害，都讓他鬱鬱

---

❷人設：指經過設計的人物形象和性格。

不得志。

你可能還會想「這個人這麼好，為什麼要遭受這麼多的苦難啊」。你的下一個念頭，可能就是「要不我對他好一點吧」。請注意，如果有了這個念頭，就掉進了賣慘者的大坑，永無寧日了。

●類型三：反思原生家庭

最後再來看看反思原生家庭的賣慘者。這種人愛和別人談論自己的家庭衝突，比如小時候媽媽苛刻，父親暴力。近幾年，愈來愈多的人了解到原生家庭對性格的影響，所以這類話題很能引起共鳴。

如果一個人跟你談論他的父母有多麼變態扭曲，可能是因為你們已經非常親近了，但這也有可能只是一種想要拉近關係的伎倆。

賣慘者對你強調「我不擅長和我的父母相處」時，如果你的家庭關係非常和諧，你就成了一個經驗介紹者；如果你和父母的關係也很不合，那你們就成了可以互相理解的兩個人。大多數用原生家庭來賣慘的人，家裡的關係都沒有他說的那麼糟糕。說得更直接一點，對方可能就是為了討好你，進而達到控制目的。

需要注意的是，現實中的賣慘者，更多時候是混合了剛剛提到的三種類型的路數，他們既談論理想，又控訴世界，還批判父母家人。

應該如何對付賣慘者？

賣慘者一般不會吝於展現自己的「銷售」行為，只要有人的地方，他們就會開始賣慘。他們的目的也很簡單，看看扔出去的餌，有誰願意上鉤。所以，只要見一兩次面，基本就能識別出賣慘者，若想防備他們可以先下手為強，採取隔離策略。

賣慘者的主要手段，就是講述他們的悲慘故事。想要讓賣慘者明白你不會上鉤，就要從講故事開始打斷他們。比如，販賣理想的賣慘者，在他開始談論理想時，你就及時打斷：「所以你現在最大的苦惱是什麼？資金缺乏？但我手上沒有錢，恐怕不能幫到你。」

因為在故事展開之前打斷，你們尚有距離，拒絕起來會相對容易。如果你被他牽著鼻子走，一直「嗯嗯嗯」地把故事聽完，那就麻煩了。

對付控訴不公的賣慘者，最好的辦法就是訴諸迷信。比如，你可以說：「天空飛來五個字，那都不是事，哎，要不你去拜一拜，轉轉運？」把他渴望對全世界的控訴，轉嫁到對自己運氣的改善上，就能逃離他滿滿的負能量。

這種安慰都是場面話，一定會讓賣慘者極其失望。不過沒關係，我們的目的就是讓賣慘者失望，進而對你失去興趣。

對那種想要聊原生家庭的賣慘者，多引用幾句老話就好了。「唉，你說得都對，上一輩肯定有各種各樣的問題，那一代人有他們的侷限性。」

「但是，天下無不是的父母，我們說到底還是要和他們好好相處不是嗎？」

如果你發現對方在賣慘，可能希望以此來控制你的時候，先說這些話特別有效，他可能會認為你這個人思想老套，但是沒關係，他就不會再煩你了。

如果在人際往來當中，想要讓話題繼續，你也可以順著說。但讓話題繼續，不是我們社交的目的，社交是為了選擇合適的關係進行深度發展；如果你覺得一個人不對勁，那就趕緊說他不認可、不喜歡聽的話，好讓你們保持一定的距離。只要他賣慘，你們就不深交。這個策略把握住了，就不會吃虧了。

最後，有一類賣慘者不會出現在社交場合中，而是出現在一對一的場合中，比如吐槽前任的賣慘者。

記得一定要離他遠一點，千萬不要覺得「這個人這麼優秀，為什麼還過得這麼慘」。

倘若對他起心動念：一定是他沒遇到對的人吧。你如果這樣想，就是接了他的餌，你的苦難便從此開始。

重點精華

◆ 賣慘者有四個特點：否定自己、拉你一起痛苦、道德綁架和見誰跟誰賣慘。

◆ 賣慘者有三種路數：販賣理想、控訴不公、反思原生家庭。

◆ 對付他們最好的辦法，就是及時打斷和採取隔離策略，只要他賣慘，就不要繼續深交。

喜歡誇誇其談的人

——為什麼不能委以重任？

你在工作中可能遇到過這樣一種人：他們的臉上充斥著自信滿滿的神情，好像在說「你別想著矇我」。

他急於販賣自己聽來的小道消息；他喜歡對一切事物發表看法，做出評價，哪怕是自己不了解的話題；他對別人的一切決策指指點點；他急於炫耀自己並不豐富的人生經驗和過往經歷。

這種人通常都有一張「大明白臉」❶。這些可以說是在職場上非常讓人感到厭惡的類型之一。

如果僅僅是言語無味、面目可憎也就算了。他們不僅會降低談話的格調，還可能把同事、主管甚至是整個團隊，都帶到錯誤的路上，讓所有人蒙受損失。

本來分享工作或者人生經驗，是職場交流中非常重要的一部分。如果因為有一個「大明白」同事，就迴避一切分享、溝通，那最後吃虧的就是你和你的團隊了。

所以，你需要把認真分享經驗和心得的同事，和只想著證明自己厲害的「大明白」區分開來。

那到底應該怎麼識別「大明白」，進而適當地應對他們呢？如果有個這樣的下屬，如何防止他壞事？這一節，就來分析一下「大明白」。

❶大明白臉：意指擺出一副眾人皆醉我獨醒的樣子，認為自己什麼都懂、什麼都知道。

如何識別「大明白」？

其實，「大明白」的本質，是狂人。這種人對自己的認識、評價都有問題，往往會高估自己的實力。

「大明白」並不愚蠢，現實中他們甚至還有著廣泛的興趣愛好，讀書也不少。你可能會問，那「大明白」和真正學識淵博的人有什麼區別呢？具體來看，「大明白」有幾個特徵：炫耀式求知、來路不明的知識管道、沒獨創性的看法和一言堂式的判斷。

先說炫耀式求知。「大明白」求知的目的就是炫耀，這使得他在閱讀的時候，往往只看小標題和梗概，並沒有深入研究一件事的始末，或者一本書裡作者的觀點是如何形成的，這使得他容易矇人，也容易被人矇騙。

接著說來路不明的知識管道。一些「大明白」求知的管道屬於旁門左道，他們沒有受過正規的相關背景教育，特別偏愛那種能一句話說清楚的結論，盡力避免複雜費力的分析。

再來看沒獨創性的看法。「大明白」對具體問題、對世界的看法幾乎沒有原創性，他們往往傾向於拿一個現成的結論直接用，甚至連在朋友群組裡寫的笑話都是從網上抄來的。

最後說說一言堂式的判斷。一個人是好人還是壞人，一件事是有利還是有害，真正聰明的人一定會分析條件，然後加以判斷，充分考慮事情的複雜性。但是「大明白」會把話說得特別滿，他不喜歡描述事情，總要當場分一個是非對錯。

如果你發現一個人總是炫耀自己什麼都懂，話又說得特別滿，讓其他人感覺他的潛臺詞是「我的看法最正確，都得聽我說話」，這個人很有可能就是「大明白」。

「大明白」到底錯在哪裡？

書讀多少、掌握多少知識，並不是學識淵博的人和「大明白」的根本區別。「大明白」真正的問題，在於他們對知識、對求知這件事的態度。他們到底錯在哪裡呢？簡單來說，就是「人太菜，又太想紅」。

「大明白」不願意勤奮研究、踏實練習，這就會使他們缺乏真正的經驗。而缺乏實踐經驗的莽夫和可疑的二手知識相結合，就有了驚人的破壞力。

如果團隊裡，主管是一個精通專業、熟悉人性的老江湖，「大明白」確實掀不起什麼浪。在一個正常的團隊裡，要麼不會有「大明白」，如果有的話，「大明白」也一定是被大家當作笑話來解悶的。

但如果主管不熟悉專業，那「大明白」就會興風作浪。

北宋末年，金兵攻打東京汴梁城，宋徽宗是個高超的藝術家，而且非常迷信，但是治國和打仗全不在行。他信任了一個叫郭京的「大師」。郭大師告訴宋徽宗，只要找七千七百七十七個士兵，組成神軍去和敵人作戰，就能大勝，然而結果大敗而歸，汴梁城的局勢一下子就變得難以收拾了。

之後，靖康之變，宋徽宗父子被俘虜，官員百姓有上百萬人被殺害、擄走或流亡。

所以，不要只顧著看笑話，一旦主管有所鬆懈，「大明白」就會坑害整個團隊，最後你也逃不掉。

如何應付「大明白」同事？

說清了「大明白」惹禍的原理，你也了解了「大明白」和學識淵博之人的區別。那該怎麼應付「大明白」呢？我總結了一個原則和三個招法。

「大明白」無論在工作中還是閒談中都希望占盡上風、獲得主動，如果在每個話題上都和他「寸土必爭」，那你就什麼正經事都幹不成了。

所以，只在工作中對抗「大明白」，他也會在工作中收斂不可靠的看法。想要在工作上對抗「大明白」，最重要的原則就是抓住主管。做好這一點，你有三招可以用。

●第一招：預防針策略

第一招叫預防針策略。「大明白」氣場很強、臉皮很厚，如果一件事沒有結論，就拿到會議上討論，那你的主管很可能會被他的歪理邪說帶偏。

所以，一件事要開會討論，又事關你的專案或者任務，那就要在開會前去跟主管談一次；先做說服工作，主管有了預設立場，就不容易受別人影響。

●第二招：場外求援

第二招叫場外求援。一件事要想順利通過，除了跟主管溝通，還應該和盟友溝通，一定要優先選擇領域裡最有發言權的人。

「某某同事以前在美國公司工作過，對這塊業務最熟悉，還是有牌的會計師，我想聽聽他的意見。」這就像打官司一樣，傳喚一個對你最有利的證人。

可不要覺得這會給盟友添麻煩，職場上千萬不要怕麻煩；如果你有好牌不打，那對手也會打出他自己的好牌。

「大明白」也有自己的盟友，一些居心叵測或者跟你有利益衝突的人，可能站在「大明白」那一邊。

舉個例子，古往今來最有名的「大明白」，就是「紙上談兵」的趙括。戰國時的趙括喜歡談論軍事，但又沒有基層帶兵的經驗，趙王覺得老將廉頗打仗保守，就想要用趙括換掉廉頗。這件事，正常人都不贊同，就連趙括的母親都跟趙王說，自己的兒子不會帶兵，不能用。但是趙王身邊有一群被秦國收買的間諜，紛紛跟他說趙括是少年才俊，秦國不怕廉頗就怕趙括。於是趙括就在這些居心叵測的人的支持之下，走上了趙國軍隊主帥的位置，結果，大家都知道的——趙國在長平之戰慘敗。

●第三招：自我強化

第三招叫自我強化。這一招是對主管喊話，意思是「請交給我，這是我的領域」。

這種捨我其誰的架勢一定要有，如果有一點猶豫、一點退讓，那主管可能就會採納「大明白」的主意，你辛辛苦苦的努力，可能都會被這個傢伙的一個建議搞砸。所以，一定要學會使用這個策略，對你特別有用。

下屬裡有「大明白」，應該怎麼辦？

還有一種情況，如果你是主管，自己的團隊裡有個「大明白」，那對團隊的傷害就大了。在有些公司或部門，想要解聘、辭退一個人非常難，而且人手有限，大家都是一個蘿蔔一個坑。你身為主管，既不能辭退「大明白」，還必須要分配工作給他。這時候該怎麼辦呢？我在此提供幾個方法。

●第一個方法：在他開口之前定調

你不需要「大明白」的建議，那就在一件事展開討論之前，先說自己的看法，然後只讓大家談論執行方案。

●第二個方法：讓「大明白」提方案，出分析報告

也就是說，讓「大明白」成為一個方案的提出者，而不是批判者。

大多數的「大明白」都是批判精神過剩，執行能力不足。讓「大明白」來做方案，一方面可以鍛鍊他的思考能力，另一方面也讓他處於無法攻擊、無法隨意批評的位置上。這種安

排很像「給作業」，對「大明白」性格的改善和成長也是有好處的。

●第三個方法：多稱讚勤懇踏實的人

如果你希望下屬成為某種人，那就在人群中特意稱讚這樣的人。如果一直稱讚「大明白」、鼓勵「大明白」，那就會招來更多的「大明白」，你的團隊裡也有人會變得愛炫耀知識、愛誇誇其談。

●第四個方法：提要求

明確指示「大明白」腳踏實地工作，告訴他評判標準是什麼，應該怎樣做。只要對方有改善、有進步，就私底下肯定他一、兩次，只談做得好的細節，一對一的交談是必不可少的。

即使你是主管，也不要刻意去打擊、羞辱「大明白」。這種人善於言辭，離你又很近，激怒他，他就會向你職場上的敵人靠近，出賣關於你的情報。

一些年少輕狂的「大明白」，可能會因為基層工作的磨練變得成熟起來；一些年紀已經很大、性格也非常固執的惡性「大明白」，可進步的空間就比較小。

總之，無論年少還是年長的「大明白」，你都不要抱有期待，更不要委以重任。因為他們行動的重點，從來就不是公司的利益和自己的成長，他們只在乎自己的利益和虛名，只在乎熱鬧和炫耀。

重點精華

- 「大明白」的特點是：炫耀性求知、來路不明的知識管道、沒獨創性的看法和一言堂式的判斷。
- 應對「大明白」，要抓住主管、團結盟友、強調自己是行家。
- 下屬中有「大明白」，可以讓他明白你的態度，給他「留作業」，但不要抱有任何期待，也別信任他。

缺乏教養的人

——如何打擊他們的囂張氣焰？

職場上有一類人，是缺乏教養的人。這種缺乏教養的人，基本上可以歸為四類，你可能也遇到過。

比如，他們可能是噪音冒犯者。這種人面相凶惡，喜歡跟人吵架，一言不合就當場翻臉。而且，他們音色刺耳、嗓門大得嚇人，經常在座位上大聲講私人電話，甚至外放音樂。

又比如，他們可能是氣味冒犯者。他們不修邊幅、體味熏天，明明辦公室禁菸，卻隨手摸出一包菸來，脫鞋辦公，在狹窄的辦公室裡吃有濃烈氣味的食物。

再比如，他們可能是肢體冒犯者。你桌子上的小擺設，他們隨手就拿走了。經過你的座位，就要摸摸你的頭、拍拍你的肩膀。

最後，還有一種是語言冒犯者。有的人愛說髒話，有的人專門說得罪人的話，還覺得自己率真耿直。

「你胖了！」

「三十五歲了，找對象也不容易了吧。」

「你男朋友不要你是有道理的。」

這「四大金剛」都是缺乏教養的人。他們通常不會單獨出現，而是各個方面都缺乏教養，是四類冒犯者的組合類型，甚至是四合一的集大成者。

有時你可能想，算了吧，畢竟只有上班時間見面，忍忍就好了。但是忍他一寸，他就會進你一尺。他的冒犯會嚴重降低你的工作效率，影響你的身心健康，甚至會擾亂你的正常工作。下面我就來詳細講講，怎麼跟缺乏教養的人鬥爭。

辦公室裡的生活鬥爭原則

辦公室是工作場所，同時也是大家度過一天漫長時光的地方。一想到一天有三分之一甚至二分之一的時間，都要消耗在辦公室裡，把辦公室的秩序維護好，對提升每個人的幸福感來說都是至關重要的。

和職場上事關效率或者跟個人、部門利益的鬥爭不同，關於生活細節的鬥爭，非常獨特。想要在辦公室裡打擊缺乏教養的人，你一定要把握住這四個原則：正面提主張；請求主管支持；用好行政助力；團結其他受害者。

請注意，一定要按照我說的這個順序來操作，接下來就詳細說說原因。

為什麼要正面提主張？

如果你希望一個同事改掉他缺乏教養的壞習慣，那一定要先找他本人談。正面提意見，首先是要正面，不要透過別人去說，也不要旁敲側擊，講寓言隱喻、說話陰陽怪氣。

你可能會說「不敢」，一旦在職場上說出這兩個字，你就從此被人拿捏住了。

千萬不要因為對方面相凶、塊頭大、資歷深，就覺得他是一個非常可怕的人，也不要覺得不好意思跟他提出要求。

曾經有人跟我說，她對抽菸的同事提出建議，但是對方置若罔聞，我就問她是怎麼提的。她說，「我當時是這麼說的，某些人根本就不考慮大家的感受，能不能了解一下二手菸的危害啊」。

我告訴她不能這麼提出意見，缺乏教養的人，腦子一般轉不過第二個彎，也沒有太多體諒別人的心情，他們很少會對號入座，從來沒覺得別人說的是自己。提出意見應該這麼說：

「你在辦公室抽菸，讓我非常不舒服，請你不要在屋裡抽菸了，好不好？」

「你說了好幾次我的體重，讓我覺得非常不舒服，請以後不要拿這個話題嘲笑我了，可以嗎？」

「你這麼碰我，我不舒服，請你不要再這麼做了。」

準確地指出他做事不妥，你深受其害，就是提出了明確的主張。

職場上一定要敢於提出明確的主張，明確的主張不冒犯人，反而是「注意一點」、「有自覺一點」這樣的話，大家的理解各不相同。只要說話時注意方式方法，不故意挑釁人，就不會得罪對方。

你可能還會覺得，畢竟大家每天低頭不見抬頭見的，不好撕破臉。對，對方也會這麼覺得。職場是一場長跑，你們可能要維持三年甚至更長時間的合作關係，對方也會考慮你會不會厭惡他、憎恨他。完全不考慮別人感受的人是極少數，教養差的人大多不是惡意欺凌別人的壞人，而是看見你可以忍就得寸進尺的那種狡猾的人。

有一類人的情況可以繞開這個環節，就是每天努力洗澡換衣服卻仍然體味熏人的人。這種人不是教養不好，而是有疾病。你對他提建議沒什麼用，可以直接求助於行政部門的同事協助解決。

請求主管支持

如果正面提意見沒有效果的話，你就可以向主管求助了。注意，這裡的主管說的是你的直屬主管，千萬別一封信反映到集團管理階層，那事情就大條了。

這裡我再多說一句，職場上最重要的關係，是你和直屬主管的關係。如果你覺得自己受委屈、感受比較差，先跟自己的直屬主管談，請他出面解決，才是守規矩、懂禮數的作法。

因為主管說話最管用，而且直接越過直屬主管找其他部門或者再上一級，公司高層可能會覺得你的直屬主管管不住手下，影響他的考績和風評。但如果你的主管根本不知道這件事，那你們以後的相處就麻煩了。

一般來說，天底下沒有只管工作的主管，哪怕是再臨時的一個團隊，負責人除了找業績，也會負責一些人際關係協調的工作。

大多數主管都會支持下屬的合理要求，會去找教養差的同事談談。主管對教養不好的同事可能也有意見，當有人提出來的時候，他會去跟那個下屬談的。

主管管噪音冒犯、氣味冒犯都是很有效果的，至於肢體和語言的冒犯，最好是主管在場而對方挑釁的時候，直接反擊給主管看更為直觀。

不過也有例外，如果主管本身就是一個製造噪音、在辦公室抽菸、滿嘴髒話的傢伙，下面的人也是這個樣子，他必定是不會管的。

這個時候只有一個辦法，先去跟主管談談，希望他能夠以身作則先改變自己，別指望給下面的人提建議也能讓主管順便收斂，這是不可能的。

如果主管不理怎麼辦？比如主管本身就粗魯、缺少教養，他完全可能會對你的意見置若罔聞，甚至覺得你是在挑釁。

這時候，如果你覺得這個部門有發展前途，或者薪資很高，那就忍忍。如果不是，我勸你趁早換個地方，沒必要在差勁的地方受委屈。

好好利用行政助力

如果主管自身教養沒問題，你反應了情況之後，主管不想管，或者不知道該怎麼管，這時求助於行政部門就是正常的操作了。

行政部門是每個部門的支持部門，本來就是「生活委員」的角色，他們幫助你解決問題是責無旁貸的。

行政部門主要管的，就是噪音和氣味方面的冒犯。因為動作冒犯、言語冒犯是無形的和暫時的，而噪音和氣味的冒犯是可以追溯、可以查證的。

請託行政部門的時候，注意要用求助的姿態。不是讓行政部門去教訓那個教養差的人，而是請他們去幫助改善他的缺點，這點能讓你顯得少一些敵意。

行政部門有一些成熟的招數去對付這些教養不好的人。比如發一副耳機讓他通話的時候用，調整座位安排，建議他就醫等等。

我們最終的目的是解決問題，消除困擾，而不是教訓教養差的同事，讓他吃苦頭。千萬要明白這一點，不要定錯了目標。

還有，在跟支援部門，比如行政、人事、財務人員、法務部門的同事打交道時，千萬要記得一個原則：好好說話。

團結其他受害者

如果上面這些辦法效果都不好，你還可以跟身邊的同事一起譴責教養差的同事。不過，這個辦法一定是最後一步。

因為如果你是帶頭者，最容易遭到對方的憎恨。他會覺得是你們一起合起來對付他，不會認為是自己的行為激怒了大家，而是會覺得你聯合了一幫人要對付他。

只有在你們發生正面言語衝突的時候，另一個幫你說話的同事才是有用的。如果教養不好的同事是那種喜歡言語冒犯的傢伙，那其他的受害者一起譴責會更有幫助。

請注意，你們只應該是一種就事論事站在一起的人，不應該成為一個緊密的聯盟。你確實可以和一些看不慣這傢伙的人走得更近一點，但是不要因為這些事情就跟和你有衝突的人對立。還是要以大局為重，要考慮誰是你的盟友、誰是你的對手，而不是你跟誰一起反對一個抽菸或者毒舌的同事。

嘴巴毒、嗓門大的人可能惹你厭惡，但未必會拆你的臺、壞你的事、搶你的位置。在任何時候，都要先提防那些可能奪走你現在的位置、搶走你手上專案的人。

重點精華

◆如果缺乏教養的人已經給你的工作造成了困擾，那就集中精力去解決它。

◆最有用的四招是：正面提主張、請求主管支持、好好利用行政助力和團結其他受害者。

◆按照大局行事，不要因為個人素養的衝突而決定選邊站，那就是捨本逐末了。

易怒的人
——最不可怕的就是這些傢伙

易怒，簡單解釋就是脾氣不好，容易發怒。脾氣就是人性，脾氣不好，就是人的性格不好。在親密關係和友誼中，遇到脾氣暴躁的人，不要為難自己和這種人交往。

但是在工作中，如果遇到易怒的人，你可能無法避開。而且和伴侶或者朋友相比，你對職場上遇到的易怒者，可能了解並不多。

那如何在不熟悉易怒之人的情況下，判斷對方是什麼樣的人呢？易怒的人「背後」到底是暴躁狠毒，還是虛張聲勢？我們又該如何對抗易怒者？下面我來詳細說明。

易怒者的兩種類型

如果讓你從文學作品或歷史人物中選一個易怒的人，你會想到誰呢？很多人可能都會想到張飛、李逵，他們都是大黑臉，「暴躁協會」的主要成員。

易怒者看起來都差不多，但其實他們的類型是可以細分的。對付不同的易怒者，採用的策略也是不一樣的。

一般來說，易怒的人有兩種類型：對事怒和對人怒。

● 類型一：對事怒

首先說說對事怒。有些人容易被瑣碎的小事「點燃」，比如排隊的人太多、路上車很塞，家裡網路訊號不好，甚至空氣汙染都會讓他當場火氣上來。

對事易怒的人，大多是急性子的人，特別渴望一切有序。職場上這種人非常多，只要一看見低效的、笨拙的、愚蠢的工作方式，或是瑣碎的任務，立刻就會怒氣上頭。

在《水滸傳》裡有一個人——「霹靂火」秦明，他就是典型的容易對事怒的人，所以「智多星」吳用要抓他也很容易。只要用細節讓他一直發怒，很快他就失去了判斷力，難以掌控局面，最後只能束手就擒。

●類型二：對人怒

說完了對事怒，再來看看對人怒。有些人很容易被看不慣的人激怒。《三國演義》裡的張飛就是這樣的易怒者。他對看著順眼的人，怎麼客氣、怎麼禮賢下士都可以；但是對那種看上去拖泥帶水的人，當場就要跟人動手。他可以招撫豪邁的老將嚴顏，但是對辦事不力或是不吃他勸酒的部將，就會狠狠毆打。這種人就是對人怒。

主管是易怒者怎麼辦？

了解了這兩種類型的易怒者，接著再來看看怎麼對付易怒者。這就需要看看易怒者是你的主管、平級同事還是下屬，不同的角色，招法也不同。

如果碰巧這位易怒者是你的主管，主管的怒氣，是最先要解決的問題，因為職場上最重要的人際關係，就是你和主管的關係。

對事怒的主管，追求的是效率。假如你有一個對事怒類型的主管，那你應該做好工作規劃。比如你負責主管的日程安排，就必須嚴謹到分到秒，他最厭惡的就是安排失控。

如果主管的怒氣是因為你的工作失誤，最好的辦法就是認真道歉。無論這是不是你的責任，只要你在他身邊，就要儘快挽救局面，控制住損失。先不要考慮究責的問題，等局面控制住了，再慢慢對主管說這件事是誰的責任。

這種主管的怒氣，來得快去得也快，如果你不再犯，他也不會找你的麻煩。

但是「來得快」這件事太傷人，怒氣一上來，主管的惡言惡語也就脫口而出。承受這種人的怒氣，很多話不能太往心裡去，要把他發洩情緒的部分和提出要求的部分區隔開來，牢牢記住他的要求和工作安排。

對人怒的主管，容易對人產生偏見。這種人對付起來複雜一些。他會把人分為「喜歡的」和「不喜歡的」兩類，這個區分標準，他不會說，或者也說不清，但是他自己心裡明白。一旦你成了他喜歡的人，他會非常遷就，對你另眼相待；如果你不幸成為他不喜歡的人，那就麻煩了，對人怒的主管是非常挑剔的。

如果被對人怒的主管誤解，一定要第一時間辯白，要在他形成偏見之前儘快洗清自己，因為這種人容易事後算帳。雖然有些主管會因為你的辯解而更加憤怒，但是不加辯白的話，只會「死」得更慘。大多數情況下，下屬都無法扭轉困局，最後走人了之。

對人怒的主管，往往在形成偏見之前會有一段容錯期。但也有的會因為一句話、一個行動就對人有了偏見。

無論他的偏見形成是快還是慢，他和對事怒的主管最大的區別就是，對人怒的主管，怒氣不容易散去，容易形成積怨。三國時期的孫權，就是一個對人易怒的上司，歷史上他厭惡的人很多，後來殺掉的厭惡之人也很多，他的脾氣比張飛壞多了。

總括來說，無論對人型還是對事型的易怒者，都是性格有缺陷的人。高明的管理者不需要用大發雷霆的方式來表達自己的決心或者推進計畫。

大多數易怒的主管之所以隨便對下屬發怒，一來對自己掌控部門是有信心的，二來他的心裡有一句潛臺詞：你們能把我怎麼樣。

如何對付易怒的平級同事？

除了主管易怒，職場上還有一些人，也會對自己的平級同事發怒。他們可能和你資歷差不多，或是資歷稍微深一點，只要一點事情不如他的意，就立刻大發雷霆。如果仔細想想，他其實不能把你怎麼樣，但是他發脾氣的時候，自己可能不知不覺就按照他的吩咐去做，按照他的節奏去走了。

對平級同事發怒是一種策略，他的情緒像暴風驟雨一樣襲來，就像拳擊臺上的一套組合拳，只要好好防守，就會發現這幾招力量其實非常一般。但是如果你的情緒受了影響，被這套組合拳嚇到了，就可能被連連擊中，當場倒地。

這確實是一種策略，但這是很笨的策略，如果用在害羞、膽小的同事身上，能打出碾壓的效果；而對稍微有點資歷的同事則全然無效；如果是兩個易怒者狹路相逢，那就會吵出熱鬧、吵出麻煩來。

對付這種易怒者，只要堅定一個信念就夠了：這傢伙不能把我怎麼樣。

遇到這種人肆意對你宣洩情緒的時候，等他嚷累了再回答是最有效的方法。記住，不能不回嘴，你的盟友或是你的下屬也在看著你，期待你維護自己的權益。但是直接調高音量去爭吵，絕對是個傻念頭。

正確的作法，是在對方開始扯起嗓子喊的時候，念一段能讓你平心靜氣的口訣。比如，你可以默念〈莫生氣〉：「人生就像一場戲，因為有緣才相聚；為了小事發脾氣，回頭想想又何必；別人生氣我不氣，氣出病來無人替」。此時，對方的氣勢開始下降，這個時候開始奪回你的主動權。你可以說：

「請坐。」

「我理解你生氣了，但我不明白你到底在為什麼生氣。」

「請你平靜一下，說一下你的問題，你的主張到底是什麼？」

「我覺得我們為了工作的心情是一樣的，這一點沒問題吧？」

「那這樣，我可以幫你協調一下這件事，但是你要給我提供……」

只要你不卑不亢把話說得清楚明白，圍觀者就會覺得是你贏了。如果你忍氣吞聲，你的手下或者盟友就會覺得你在害怕，你就已經輸了。

對平級同事發怒的，幾乎沒有什麼狠角色，大多數都是有棗沒棗打三竿子❶的人。他們有的是無法控制自己的情緒，也有的是策略性地生氣一下，來讓你中計。你不吃這一套，他下次就老實跟你講道理了。

---

❶ 有棗沒棗打三竿子：毫無章法的盲目行動；事成了最好，不成也沒什麼損失。

一定要記得，吵架不要站著吵，吵架經驗少的人，憤怒激動時，腿顫抖得可能很厲害。總而言之，不要太擔心喜歡宣洩情緒的傢伙。喜怒不形於色的同事，才是更需要注意的。

如何跟易怒的下屬相處？

最後，我們再來說說容易對主管發怒的下屬。

你可能會問，還有敢跟上司發怒的下屬嗎？確實有。但是這種下屬非常少。

我建議，如果你的下屬跟你發脾氣，好好想想他是單純地發洩情緒，還是有一些必須要提的建議。

如果是想要發洩的人，別縱容，該裁掉就裁掉。如果你的部門不好裁人，那就把他放到最邊緣、權力最小的職位上，直到他改了為止。

如果對方是向你提建議，而且很有道理，那就跟他私下談一次，肯定下屬對部門、對公司的用心，同時建議他控制自己的情緒。

有一些下屬從來不對主管發怒，但是在平級、下級或者臨時雇工之中耀武揚威。這種人必須好好勸誡一下，他的易怒不僅會給自己樹敵，導致內部的矛盾升級，也容易產生不可預測的風險。

最重要的一點是，發脾氣是個人情緒的一種釋放。一個部門裡如果只有一個人可以發脾氣，那一定只能是第一把手。第二把手比第一把手脾氣大，年深日久第一把手就容易被架空，一些下屬可能會站錯邊。

如果是普通員工比主管的脾氣大，在全部門怨天怨地的話，那就麻煩了。其他同事會怎麼想呢？他們可能會覺得：

「這個人主管管不動。」

「這個人一定在上面有關係。」

如果這個易怒的人，碰巧和主管是不同性別，還可能在團隊裡形成別的說法：「你看她訓完主管，主管還坐立不安的，他們是不是有什麼問題？」

總之，不要讓這種事發生，私自發脾氣的下屬一定要管；如果第一次不管，以後想管就難了。

重點精華

- 對事易怒的人，怒火來得快去得也快；對人易怒的人怒火持久，更記仇。
- 對事易怒和對人易怒的主管是兩種類型，前者追求效率，後者則會對不同類型的人進行劃分。
- 對於易怒的平級同事，你要積極對抗，要把他拉到講道理的起點線。
- 如果下屬亂發脾氣一定要管；一個團隊如果只有一個人可以發脾氣，那個人往往是團隊的領導者。

過度自戀的人
——不要被可氣之人輕易激怒

你在職場上可能遇到過這樣的人，那張臉上滿滿地寫著對他自己的愛，他的一言一行，無不散發著這樣一種氣息：我是最重要的，我是最優秀的，我是最被人喜歡的。

工作之中，他在乎的不是事情應該怎麼做才好，而是這件事他是怎麼想的。工作之餘的閒聊當中，他永遠都在談論自己的事情；對別人的話題沒有耐心，也不會加入，永遠都在做談話的主角。他們只談論自己，而且只允許自己被正面評價。

如果你試圖糾正他對世界的錯誤認識，或是他對自己的過度讚譽，那麻煩就來了。他會對全世界喊話，說你欺負他、針對他、虐待他，甚至還會哭鬧。有「明白人」會悄悄跟你說：「知道厲害了吧，別招惹他，不然麻煩死了。」

可是，說起來容易做起來難，你免不了要跟這樣的人對接工作，三五句他就會把話題從工作扯到自己。如果你的座位還跟這樣的人面對面，就更不可能完全不理他。

這些過度自戀的人，到底是怎麼想的呢？你該怎麼去對抗這種人的情感勒索？下面我就來細細拆解一下。

過度自戀者是一種「關係未成年人」

其實自戀這件事，幾乎人人都有，出門前照照鏡子，覺得自己好像還挺好看的；跟相親對象見面，覺得自己能找到更好的；又或是覺得自己寫的東西比別人寫得好。這些都是正常範圍內的自戀。

正常的自戀有助於我們維護內心的自信，也能給自己的努力上進提供動力。但是正常人的自戀有一個標準，就是它僅限於人的自我交流當中。比如你替自己打氣，跟自己說「我很棒」，頂多也就是延伸到極其親近的關係中，比如伴侶、好朋友、孩子。

而過度外露的自戀，就是一種吸引別人注意力的幼稚表現了。因為只有小孩才會這樣爭奪大人的注意力。家裡來了客人，他們就把自己考了一百分的事情說給叔叔阿姨聽；或者拿出一副酷酷的小太陽眼鏡戴著給大家看。

小朋友這麼做是可愛，成年人要是這麼做，就會讓人起雞皮疙瘩，這就是過度自戀者在職場上不討喜的原因。

「關係未成年人」不喜歡自己做決定，想要別人代替自己決定。他們一方面依賴別人；另一方面又渴望自己能夠像那些給親戚表演節目的小孩子一樣，得到全家人的關注。其實，過度自戀的人就是這樣一種「關係未成年人」。

過度自戀者在職場上，採用的是一種以縮為進的策略。注意，是以「縮」為進，不是以退為進。

如果你點破自戀者在吸引別人注意力，對他的行事方式有負面評價的時候，他就會快速退縮成一個球，果斷自閉起來。而且他的意思很明確，你要對他的退縮和萎靡負全部責任。

除了展示自己的退縮，自戀者還有一個有力武器，那就是跟權威者哭訴。自戀者一般和部門長官的關係都不錯；或者說，長官不願意去招惹他，寧願多哄著他，息事寧人。

這就讓自戀者和長官的心理距離很近，平時有關個人利益或是內部恩怨的好多事，如果直接去跟長官提，壓力會非常大，但是自戀者可以像開玩笑一樣，輕鬆地把這些話說出來。這就是我們常說的撒嬌。

你可能會說，長官是聰明人，怎麼會上自戀者的當呢？還真會有。大多數對自戀者遷就又照顧的長官，並沒有接受他們錢財或其他方面的好處，就是單純地被自戀者貼上了，時間久了就會被對方影響。

除了長官，團隊裡還有一種性格溫厚善良的人，也容易被自戀者吃定，就是我們說的有聖母心、老大姐類型的同事。

這些人有男有女，他們雖然不是主管，但是說話有些威望，聖母心同事並不是真正認可自戀者，但是他們會被自戀者的那種孩子氣吸引和拿捏，他們不會期待自戀者改變自己的行為模式，而是勸部門裡的每個人都包容自戀者。

簡單總結一下就是，吸引注意力，以縮為進，跟權威者哭訴，吃定聖母心同事，這就是自戀者在職場上的存活之道。

如何應對非工作溝通時的自戀者？

明白了自戀者的行事邏輯，那怎麼才能抵擋自戀者的攻擊呢？

從前面的講述中，你肯定已經明白，自戀者的攻擊不會一上來就特別猛烈。他們起初會故意撒嬌，先把你的注意力吸引過來。如果你不搭腔，就會開始擺臭臉；如果你還不接招，那他就會像小孩一樣跟你賭氣，或者乾脆把自己封閉起來，拒絕跟你溝通。

當你意識到自戀者在使用這些花招的第一時間，就要趕緊打斷他，不能讓他繼續。因為他發洩情緒需要醞釀一段時間，千萬不要等著他放大絕。

應該怎麼打斷他呢？你的第一步，就是要用行動代替退讓。

你可能會說，真不理他吧，同事之間又不想鬧僵，怪不好意思的；但是一搭腔，就只能遷就他，否則就一直沒完沒了。

如果你這麼想，那就壞了，他的第一步就得逞了。

正確的作法是趕緊用其他行動來迴避他的影響。比如，你可以說：「上次的專案中，你的方案創意很好。當時具體是什麼情況，你能再詳細說明嗎？」

先轉移他的注意力，迴避他這次的情緒影響。接下來第二步，重新回到談工作上。

你可以說：「你剛才說的對我太有幫助了，有很多可以借鑑的經驗。但是，這次新專案面臨的情況不一樣了，那我們做因應的調整是不是更好，比如……」

你要詳細跟他分析具體的情況，讓他繼續跟你推進工作。而且，在工作中，一步也不要退讓，否則就會順了對方的意，被他牽著鼻子走。

那怎麼避免陷入僵局呢？有一個好的方法，就是開出對他不利的條件，這樣你就有了討價還價的餘地。

如果是工作分工，那就讓他多做一點；如果是利益分配，那就讓他少得一點。這個條件，一定要比你心裡可以接受的底價高一點，千萬不要把你的底價報給他。

自戀者跟你撒嬌也好、擺臭臉也罷，目的就是讓你在工作的事情上退讓。所以，把自己能夠接受的底線報給對方，那自戀者的目的就達到了。把條件多傾向於你自己一點，讓他來討價還價。

只要你這麼做，自戀者就不能再繼續沉浸在自己的情緒裡，而是要跟你回到談判桌上。討價還價是成年人的行為，只要他開始跟你討價還價，他那種像小孩子一樣去控制你、綁架你的計劃就不攻自破了。

所以，用行動代替退讓，從情緒回到工作上，開出一個對他不利的條件，讓他來討價還價，這就是和自戀者討論工作時候的應對方式。

如何對抗自戀者的日常輸出？

可是，職場上的溝通不全是工作溝通，自戀者在日常閒談中，也會不斷輸出讓人覺得不快的資訊。

你可能會說，「不理他不就行了」。遺憾的是，沒這麼簡單，這些人會不斷強行刷存在感，你很難控制。

你可能也會說，「乾脆直接嗆他」。這也是不對的。閒談是非壓力場景，如果直接轉化成壓力場景，周圍的同事都會受到影響，還可能會遷怒於你。

而且，冷嘲熱諷讓對方出洋相也沒有必要，因為自戀者雖然是不討喜的人，但和邪惡無關，與他為敵，會讓別人覺得你是一個刻薄的人。

左也不是、右也不行，那到底該怎麼辦呢？我總結了三個策略，你可以試試。

首先，我們可以在話題上攔住自戀者。避免談論自戀者沉迷的話題。如果他喜歡談論運動，那就避談運動話題；如果她喜歡談論美妝，那就避談美妝話題；如果她覺得自己的孩子是天底下最完美的，那就直接避開與孩子相關的話題。閒聊話題還是應該聚焦於所有人都能談論的話題，比如健康、天氣、美食等。

其次，要放下照顧人的心態。很多人對閒聊時不冷場有巨大的執念。有人提起一個話題，就生怕冷場，於是拚命接話。如果你在職場上這麼體貼、這麼照顧人，會非常辛苦。自戀者提出了一個大家都不愛聊的話題，你可以不接話。該喝茶喝茶，該吃飯吃飯，不要試圖去接、去圓。你以為這是說話的藝術，其實大家都能看得出你在硬撐。

對了，如果那個寵溺自戀者的老大姐也在談話中，可以把老大姐當作談話的中心，多稱讚她。自戀者如果忍不住去跟老大姐爭搶風頭，那未來老大姐就不會幫他了。

最後，就是多跟主管溝通。如果你日常要跟自戀者對接工作，那就尤其要注意跟主管多溝通。

自戀者提議你們怎麼做，你是怎麼應對的，都要寫下來發給主管，郵件也好、辦公系統訊息也好，都要讓主管知道。如果自戀者和你有了意見不同，主管那裡事先知情，就不會隨隨便便糊里糊塗地做出決定。

重點精華

- 過度自戀者是「關係未成年人」的一種，他們吸引注意力、用退縮「綁架」同事，寄生在權威人士或是職場老人的保護之下。
- 工作上最重要的是引導自戀者，不斷把他拉回到具體工作上來，迴避他的情緒招數。
- 日常閒談的時候挑選合適的話題，不要去照顧自戀者。

Part
4

複雜的人

如何與多變的人相處？

這些人很難摸透，
他們把自己的真實想法隱藏得很好。
別擔心，讀完這部分，
你也能理解職場上的複雜人格。

喜怒不形於色的人
——一定是天生的領導者嗎？

你可能見過這樣一種人：他沒有極端表情，但私下頻繁思考。遇到麻煩事，他不會大悲；遇到開心的事情，也不會大喜。這種人的性格特別穩定。他會克制自己的情緒，而且似乎不需要專門費力去克制，而是自然而然就能做到這一點。

你可能經常聽別人說，這種人未來能成大事。現實中，很多人確實印證了這樣的說法。比如，也可以看看你們公司的大主管，大概絕大多數都是這樣的人。這就是喜怒不形於色。

那麼，喜怒不形於色到底有什麼好處和壞處？如何才能擁有一張喜怒不形於色的臉？如果你天生就是一個情緒外顯的人，是不是在職場上就沒有什麼發展了呢？

喜怒不形於色的好處

我們先來看看，喜怒不形於色有哪些好處。我總結了三點：被人信賴、方便保密、不容易說錯話。

先說被人信賴，這就要回到「喜怒不形於色」這個描寫的最早來源了。這個描寫最早見於西晉陳壽的《三國志》。在《三國志‧蜀書‧先主傳》裡有一句：「喜怒不形於色，好交結豪俠，年少爭附之。」意思是劉備這個人，開心和憤怒的表情都不會出現在臉上，他好結交豪俠，年輕人爭相去追隨他。

人們天生就會傾向於追隨那些看上去更沉穩、更深沉、更可信賴的人。喜怒不形於色的人就是這樣的人，這也使得這類人最接近於天生的領袖。

再來看第二個好處，容易守口如瓶。不只是華人，歐美人也覺得喜怒不形於色的人很厲害。經典電影《教父》裡，老教父柯里昂就是一個喜怒不形於色的人，他低沉的嗓音和深不可測的表情，使得那些最狂妄的人都會讓他三分、怕他三分。

其實老教父並非生來如此，而是在加入黑手黨的時候，變成了一個十分內斂深沉的人。因為他每天都面臨著同行和警方的監視、偵查，甚至是暗算，如果他的性格太跳脫奔放，那一定死得很快。老教父教育兒子不要情緒外顯時，曾經說過：「永遠不要讓對手知道你在想什麼。」

隱藏極端表情，讓面容和肢體都成為情緒黑箱，是他保護自己、防備對手的一個妙招。

說完電影，接著再回到日常生活中。今天之所以有些人特別推崇喜怒不形於色，就是因為自己嘴巴不嚴、情緒外露，容易被人預料到下一步行動。

喜怒不形於色的第三個好處是，能讓人少說話，減少失誤和冒犯的可能。同一個人，在興高采烈或者勃然大怒的時候，話都會變多；在情緒低落陰鬱的時候，話就會少。話說多了，人就顯得輕佻、幼稚、好對付，而且可能會直接冒犯人、得罪人。所以，只要控制住自己的表情和話語，就能少犯一些錯誤。

看到這裡，你是不是覺得喜怒不形於色的好處很多？別著急，我再告訴你一件事，它帶來的壞處也不少。

喜怒不形於色也會吃虧

喜怒不形於色的人不一定是人際關係達人，有這種臉孔的人也會吃苦頭。比如劉備，雖然因為沉穩結交了許多朋友，在年輕人當中有一定的號召力。但也有很多人對他的評價不佳，因為看不透他的想法，下屬會覺得他高明，但有權力的人會擔心他在耍壞心眼。

魯肅曾經對孫權說，劉備是天下梟雄。梟雄這個詞有讚譽的成分，但更多的是帶有一種謹慎提防的意思，這並不是一個好的評價。

劉備在曹操、袁紹、劉表的手下都待過，這幾位都防著他，跟他那張沒有表情的臉有很大的關係，因為他看起來實在是太厲害了。

一些喜怒不形於色的人非常聰明，腦子裡想的都是別的事情，還都是大事情，普通人可能很難理解。

但如果你不是劉備那樣名滿天下的豪傑，卻還有一張喜怒不形於色的臉，只怕是比較麻煩，因為你很可能會被別人看作笨蛋。如果喜怒不形於色的是個職場新人，作為主管，你可能會覺得這傢伙有點呆。在提拔下屬的時候，只怕你還是會去挑一個特別會說話、特別會做簡報演講的人。

其實，今天的職場上已經沒有劉備當時那種四面危機，也沒有老教父那種槍林彈雨，所以，喜怒不形於色的好處沒有那麼多了，反倒是被提防、被輕視的壞處更加明顯。

一個喜怒不形於色的人，在基層的時候會感受到很多敵意，如果沒有一個會用人、會識人的主管照顧的話，很可能就折損在職場的前三年了。所以，即使你是一個喜怒不形於色的職場新人，起碼也要注意定期跟主管保持文字上的溝通。

如何變成喜怒不形於色的人？

如果你已經是個職場領導者，或是一位資歷較深的員工，你不想情緒外露，不想別人猜透自己，想讓自己看起來更有權威、更穩重，怎樣才能成為喜怒不形於色的人呢？

表情管理是可以學的，每天對著鏡子說話、演講，做情境練習就可以，最終確實可以非常接近喜怒不形於色。但是這個練習要花費很多的時間，而且對一些天生感情充沛、情緒比較豐富的人來說，這些練習非常違反人性。

不過也別氣餒，因為就算不用變成喜怒不形於色的人，也可以擁有這種人享有的好處。

你可以直接往喜怒不形於色的三個好處去努力，這裡我提供三個策略。

首先，成為值得信賴的人。喜怒不形於色的人天生容易被周圍的人認為是可信賴、有能力、很沉穩的，與其模仿他們，不如直接去追求那種沉穩和令人信賴的氣質。

這事沒那麼簡單，需要你做出不少犧牲。比如一些小恩小怨要放下，蠅頭小利也要放下，你要站在比自己高一級的主管的角度去思考問題，去為人處世，有時候要幫助別人、照顧別人。你可能要為此付出很多時間和精力，變得像是團隊裡慈祥的老父親。

其次，試著減少觀點輸出。喜怒不形於色的人會對自己的表情和話語做減法，話少了、表情少了，對手可以分析的素材少了，你自然就變得更安全了。

最後，話說慢點，說少一點。控制住表情能讓你少說很多話；同理，降低語速也會讓你少說很多話。說慢一點，表情會比較舒緩，人也沒有那麼緊張。

修煉完這三招，你會發現，你算是達到了喜怒不形於色的目的，而且還沒有那張臉的冷峻感。

所以，千萬不要迷信喜怒不形於色。你要知道，三國是三個國家，劉備固然是喜怒不形於色，最終成就了一番大業。但是，喜歡哈哈大笑、得意忘形的曹操，建立了比劉備還大的功業；甚至連情緒化、喜歡恐嚇別人的孫權，他的統治也穩固持久。三個人的領導方式截然不同，但都成就了一番功業。這就是「蛇有蛇路，鼠有鼠道」，喜怒不形於色從來不是成功領導者唯一的表現。

天生情緒外顯怎麼辦？

你可能會說，熊老師，你也不用安慰我，我看見的大部分主管，都是那種非常內斂、情緒不外露的。但我就是做不到，那我還能在職場上有所成就嗎？

如果你是一個感情豐富、情緒外顯的人，也不用著急，尤其是還年輕的時候，有很多情緒、有豐富的情感，這都是正常的，也是健康的。

很多成熟內斂、喜怒不形於色的人，都是從年輕的時候走過來的。他們也會因為小事和同事起衝突，也會為了工作上的挫折而消沉，為了進步而欣喜。

人是會慢慢長大的，也是會慢慢變沉穩的，你的主管背負了部門、下屬、家庭和歲月的重負，就會逐漸沉穩起來。他或許也曾放開自己、隨心所欲，但一定付出過慘痛的代價。

如果你坐在主管的位置上、有他的資源，就很可能也會像他一樣，沒有那麼衝動，沒那麼多極端的表情，也沒那麼多不好控制的情緒了。

所以，我還是要強調一句，職場是個大舞臺，是漂亮的秀場，不是修羅場、生死場。我們不需要你弄死我，我弄死你；大多數時候，生旦淨丑，只要能演出自己的精采就夠了。

一個行事真性情的人，一定會有適合他的角色，也許不是部門的第一把交椅或者負責人，但可能是那個最有故事、最有聲望的人。

重點精華

- ◆ 喜怒不形於色有三個好處：被人信賴、容易守口如瓶、不容易說錯話。
- ◆ 如果做不到喜怒不形於色，也可以改進自己的情緒表達方式，比如被夥伴信賴、減少輸出觀點和降低語速。
- ◆ 嘗試接納現在的自己，不要苛求去變成自己不擅長甚至是不喜歡的角色，而是要去學習這種角色身上的長處，變成自己的優點，這才是我們最該努力的方向。

不惹事也不怕事的人

——為什麼不應該和他做敵人？

不想惹事的人你一定見過，他們循規蹈矩，不願意得罪別人，唯恐給自己帶來麻煩。不怕事，甚至到處惹事的人，你應該也見過。這種人容易衝動，很容易誤認為別人對他有敵意，然後隨意開戰。在職場上，這種人很容易成為主管以及整個團隊的麻煩。

但是，還有一種人非常特殊。他們是平時不惹事，遇到事情又不怕事的人。這種人不願意和別人發生衝突，但是只要捲入衝突，就會硬起來跟對方打到底。

這到底是一個懦弱的人，還是一個勇敢的人呢？為什麼這種人看似貌不驚人，卻能擁有這麼強大的力量呢？這一節就來好好分析一下不惹事、不怕事的人。

不惹事：不主動挑起衝突的人

先說說什麼是不惹事。「事」，其實就是衝突。華人對「不惹事」是非常在意的。一般來說，家裡長輩對年輕人說一聲「出門別惹事」，包含著三個意思：不要去挑釁別人；如果被對方挑釁了，要克制；就算是自己有理，也不要做盡做絕，不能得理不饒人。

主動迴避衝突，是一種古老的生存智慧。這種思路也透過家庭教育，傳給了許多年輕人，並且被他們帶到了今天的職場上。

但是，如果在職場上受欺負、被挑釁，還要忍氣吞聲，這是不對的。只要不主動去挑釁別人、欺負別人、製造衝突，那就不是惹事。反擊衝突，尤其是在你站得住腳的時候，合法維護自己的權益，這不是惹事。

職場上不想惹事的人有各種考量，一般而言，大都屬於這幾種情形：新人新官、閒雲野鶴、風頭正盛、膽小內向。

先說新人新官。不管是一個新人初到一家公司，還是一個新的主管剛剛空降一個部門，可能都會採取比較保守的策略。這個時候他往往傾向於避免衝突，更沒有發起衝突的本錢，但這並不能說明此人軟弱。

舉個例子，東漢末年，孫堅是討伐董卓的主力，他從根據地長沙攻擊董卓所在的洛陽。這個人性格剛猛，喜歡隨便殺人，沿途的許多官員都被他殺掉，隊伍也被他併吞了。

當時的荊州刺史是剛上任不久的劉表，劉表這個人在《三國演義》的小說裡顯得很昏庸，其實在歷史上他是個厲害角色。他單槍匹馬來到荊州，獲得了當地勢力的支持，穩定住局面之後，等到孫堅回兵的時候，帶兵攻擊，最後殺死了孫堅。

孫堅因為劉表新上任避免衝突，就認為他軟弱，最終被劉表反擊丟掉了性命，這就是對新人新官的誤判。

然後說閒雲野鶴的人。每個部門可能都有一些已經遠離核心權力，希望平淡過生活的人。這些人沒有發起衝突的欲望，安全才是他們追求的目標。跟他們起衝突，不僅浪費時間精力，還會降低你在職場上的風評。

再說風頭正盛的人。有些人不願意跟別人起衝突，是因為自己的日子過得正好。比如剛剛被提拔，打算表現一番，正準備做出成績的人。他們是受到主管重視、仕途正順的人。高速發展中的人，是不願意被拖進泥沼中的，也會盡量避免衝突。

從這個角度來看，衝突的發起者，大多是職業生涯遇到瓶頸期或者面臨停滯的人。還有一些人是比較膽小或極度內向的人，這種人的主要精力都用在了自我損耗上，沒有發起衝突的能力。

這四種人當中，新人新官和風頭正盛的人都可能有反擊的能力，所以認為不惹事的人好對付，這是一種錯誤認知。

一個人好不好對付，是他的實力問題；而一個人願不願意惹事，則是他的人際策略。兩者是不一樣的。

不怕事：不迴避衝突的人

說完了不惹事的人，我們再來看看不怕事的人有哪些特徵。

「不怕事」三個字容易誤導人，你可能會覺得，不怕事是膽量的問題，這也是不對的。不怕事雖然有膽量的因素，但更重要的是，不怕事的人是具有實力的人。不怕事不只是膽子大，更是敢於回應挑釁，不迴避衝突。

整體而言，不怕事的人有三個特點：承受損失的能力強、有反擊的能力，以及有堅定的決心。

先說承受損失的能力強。比如，東漢末年的劉備，長期跟曹操作戰，在徐州、汝南和新野三個地方，劉備都被曹操打得潰不成軍。為什麼後來打下了成都，就敢和曹操在漢中打拉鋸戰，還打得有來有回呢？

就是因為劉備家底厚了，承受損失的能力強了，他有了荊州的地盤、成都囤積起來的糧草，還有了四川山川險要的地理優勢，這是他和曹操打拉鋸戰的本錢。以前他所有的地盤都沒有險要地勢，也沒有穩固的後方基地，他也就沒有不怕事的底氣。

再說反擊的能力。單純有挨揍的能力還不夠，如果能夠給對方造成傷害，那就有了反制對手、讓對方停止挑釁的能力。劉表在殺死孫堅之後，孫策和孫權兄弟倆一直都對劉表非常忌憚，這就是劉表反擊的威力。

最後說說有反擊的決心。能力比較弱的人也可以是不怕事的人，實力上的薄弱是可以用決心來彌補的。

戰國時期，趙王和秦王在澠池相會，秦王讓趙王鼓瑟，羞辱弱國的國王，率先挑起了衝突，這個時候藺相如來到秦王面前，讓秦王擊缶。

秦王沒有答應，藺相如就說了一句：「五步之內，相如請得以頸血濺大王矣！」那意思就是要跟對方拚命，就算自己一死，至少也讓你氣逆不順難受好幾天。

這是弱者最佳的策略，我們看《動物世界》之類的紀錄片，草食動物其實都有這個策略，我能蹬你、頂你，讓你白費力氣，最後放棄對我的捕獵。

所以，不怕事，首先是有承受損失的能力；其次是有反擊的能力，能給對方造成傷害；最後是有堅定的決心。

被錯估的厲害角色

說完不惹事和不怕事的人的特點之後，可能一個不惹事也不怕事的形象，已經出現在你的眼前了：

這個人可能是因為事業剛開始，實力尚弱；也可能是因為新掌管一個部門，正在觀望形勢；還可能是因為忙著建功立業，不願意捲入衝突和內鬥。但是他有承受損失的實力，有反擊的能力，或者至少有拚死一搏的決心。

這個人也許不願意挑起紛爭，但他絕對不是膽小鬼。這是一個被低估的厲害角色。如果和這種人為敵，你可能會被拖入一場漫長的衝突中，他為了保護自己已有的東西，可能會拚上一切。對你來說，與這種人為敵是不划算的。

你可能會說，我知道了，要和這樣的人做朋友。

這事可能會由不得你。我曾多次提到過，職場不是交朋友的地方，因為朋友意味著有親密的私人交情，會讓你綁手綁腳。

職場上的同事，可以成為盟友——有共同的利益、共同的目標甚至共同的敵人，都是可以成為盟友的。

但不是所有人都可以發展成盟友，因為有些人所處的位置，就是注定要和你競爭一個機會、爭奪一個位置的。如果一個不惹事也不怕事的人和你有競爭關係，那你就沒法和他成為盟友，你們就是對手關係。

但是，你們可以成為堂堂正正的對手，那種尊重規則、承認勝負、決勝之後也可以互相祝福的對手。不惹事也不怕事的人，是最適合做這類對手的人。現實中，兩個不惹事也不怕事的人，往往會成為惺惺相惜的對手。

不惹事、不怕事，看起來矛盾，但是一個人的性格特質，如果可以容納更多的矛盾，這就是一個豐富的人、有趣的人，是一個值得尊重的人。

不惹事、不怕事的側重點

你可能會說，熊老師，我覺得我已經是不惹事、不怕事的人了，為什麼還是會被人針對、被人刁難呢？

因為在別人認清楚你是不惹事、不怕事的人之前，你的不怕事還要在事上去證明。而且，有些事情不是私人恩怨，當你身邊有人要踐踏國家法律、損害大眾利益的時候，你可能無法退讓，非得強硬到底不可。

不惹事，是你最明智的策略；不怕事，才是你真正的人格底色。

單純對別人聲稱你是不惹事、不怕事的人，不會有太明顯的效果。因為你所說的事情和你所做的事情還是不同的，理性的職場人只會以你的行動來決定對你的策略。跟別人溝通、表達自己的時候，還是應該挑選沒有價值觀、不冒犯人的話題。

不要覺得這是苦難，這是你人生的一段難忘經歷，也是職場上一段必經的修行之路。在這段路程中，你會磨練自己，變得更加堅韌、更加強大。

重點精華

- 新人新官、閒雲野鶴、風頭正盛和膽小內向的人，都可能不會輕易惹事，他們通常不會主動挑起衝突。
- 不怕事的人，必須是能承受損失、能反擊、有堅定決心的人。不惹事、不怕事的人，都是不簡單的角色，可以和他們做盟友，也可以好好做對手。
- 不惹事好證明，不怕事要修行。

假裝閒雲野鶴的人

——把他的利慾薰心揪出來

你可能遇到過這樣一種人：他看起來雲淡風輕，張嘴就說，自己是一個物欲很低、淡泊名利的人。今天跟你講皮草製品是人類邪惡的貪欲，要穿純棉；明天告訴你金錢這東西會腐蝕人心，會讓人變貪婪。

你可能會覺得，這是一個高尚的人。這個人善良，沒有名利心，這個人可交。等到開始往來，就會逐漸發現不對勁，這種人並沒有他自己說的那麼好。

他給自己的生活設了許多規矩限制，但這並不是他對自己的苛求，而是一種標榜。他扮演各種閒雲野鶴的狀態，目的就是一個——讓你信任他。

他用克制物欲和自律來對待自己，但最終是為了用這些武器來攻擊身邊的人。他自己不願意多做一點工作，甚至連承擔自己職責內的工作也會怨聲載道，反而把努力上進的人說成投機鑽營，用反對內部惡性競爭之類的口號，去打擊周圍所有具事業心的人。

這就是假的閒雲野鶴，其實他們的內心是非常貪婪的。那麼，如何辨別出假的閒雲野鶴？這種人是怎麼誤導人、迷惑人的？如何對付這種人的攻擊？下面我就好好分析一下。

真假閒雲野鶴的區別

明朝有一本兒童啟蒙讀物，叫《增廣賢文》，裡面除了教小朋友認字，也講一些人生道理。這本書有些地方很有意思，比如以下這四句話：「但行好事，莫問前程。不交僧道，便是好人。」

明朝的一些城市裡，商品經濟發展得非常成熟，不再是我們想像中的貧瘠農村。一些孩子讀書未必是為了以後參加科舉，而是為了認字、社交、打工、記帳，所以會有《增廣賢文》這樣的作品。

在給孩子的教材裡直接批評僧道，其實就是當時社會對假的閒雲野鶴的一種負面評價。佛、道兩家，都有著偉大的哲學智慧，但是以此謀生甚至把這件事當成買賣來做的人，就要提防，因為他們的人品良莠不齊。

今天在職場上，真正的閒雲野鶴、純良的人是有的，但是大多數以閒雲野鶴標榜自己的人，只怕都要防著點。

這兩種人到底該怎麼區分呢？主要看四點：對名利的看法；對規矩限制的看法；對不同意見的看法；是否熱衷於功德。

先說對名利的看法。職場上有三個基本原則：安全原則、進步原則和收益原則。職場人想要被提拔、想要進步，渴望自己的付出獲得相對應的收益，這都是基本權利。

可是，那些真正淡泊欲望的人，根本不會去談論對名利的厭惡感；超越了欲望怎麼可能對名利有厭惡感呢？反倒是標榜自己的人，才會整天把「名利」二字掛在嘴邊，反覆唾棄，其實是他們自己沒有放下。

接著說對規矩限制的看法。真正的閒雲野鶴，心中沒有那麼多教條，他們從小就已經把對自己的約束內化在了心裡，不用每天提醒自己，也不會逾越那些規矩。假的閒雲野鶴才會每天把教條掛在嘴邊，他們熱衷於談論規矩、正能量，卻主要是用這些東西來框住別人。

我們舉個例子來看，「對別人的社群貼文正向回饋，不應該是基本道德嗎？」這樣的正能量發文，是自我反思，還是規矩限制？

接著再來看看不同意見。真正的閒雲野鶴是不願意去爭論的，他們不需要證明自己比別人聰明，或者比別人高尚。如果一個標榜自己是閒雲野鶴的人，堅持要去跟別人吵出一個高下，那一定就是假的閒雲野鶴了。

最後說說功德。有些人做了一些好事，會詳細地記著自己的功德，這其實就是假的閒雲野鶴。救一隻小貓、放生幾條魚，都在本子上記下來。

學會分清楚真假閒雲野鶴之後，我再告訴你一個真相：能夠在職場上讓你不舒服、不自在的人，一定都是假的閒雲野鶴，該跟他們對抗就對抗，不要客氣。

假的閒雲野鶴如何迷惑別人？

假的閒雲野鶴，會用自己的人設去迷惑身邊的人，從中獲利。他們的武器是什麼呢？我拆解開來，主要就是四招：迷惑你不跟他對抗；給你帶來防衛壓力；拐騙幼稚單純的人；誤導不熟悉狀況的主管。

先說說他是怎麼迷惑你的。如果你覺得閒雲野鶴是個單純善良的人，可能就會放鬆對他的警惕，把注意力轉移到和你一樣追求進步的對手那裡，這就中了對方的圈套。閒雲野鶴的人設是一個非常好的保護傘，許多人都是藏在這把傘下韜光養晦，等到高調的對手兩敗俱傷，他再出來漁翁得利。所以平時就要提防假的閒雲野鶴，要關注他們的行動，注意他們的動向。

再說防衛壓力。假的閒雲野鶴批評、貶低你的時候，往往帶著關於名利的大徹大悟，這非常有迷惑性，你想對抗這種壓力，需要強大的精神力量。

他們批評、貶低你的時候，你甚至連對抗他們都會感受到周圍的人給你的壓力——覺得你是醉心名利的人。

要對抗這種力量，一定要戰勝自己的心魔。不要試圖在職場上證明自己是一個高尚的人，你只需要證明自己是一個想要進步的人就可以了。

接著說迷惑幼稚單純的人。你的部門裡比較幼稚單純的人，很容易被假的閒雲野鶴唬弄，成為他的小跟班。如果你和假的閒雲野鶴競爭，他會爭奪中立的同事，甚至爭取你的下屬。一定要儘快和這些幼稚的人好好談談，不忽視他們，不讓他們倒向對方就可以了。

最後說說誤導主管。有些主管並不真正了解自己的下屬，他對下屬之間的競爭有一種厭倦感，他認為兩個下屬爭奪進步的機會，是為了爭名奪利，最後他可能就會傾向於那個滿嘴「無心名利」的人。

假的閒雲野鶴是精神方面的控制高手，他們的「無心名利」其實都是迷惑、壓力、拐騙和誤導。這都是他們不願意或者沒有資源來收買身邊的人，還要身邊的人為他們做事的高級說法。假的閒雲野鶴招數並不新鮮，他在職場上面對任何人，都是先麻痺對方降低防備，然後成群結黨輔佐自己。

如何對付假閒雲野鶴的明槍暗箭？

現在你已經分清楚了真假閒雲野鶴，也知道了假的閒雲野鶴使用的招數，那應該怎麼對付他們呢？

說到底就是一招，我把它總結為：用進步的物欲橫流來對抗落後的個人躺平❶。

假的閒雲野鶴愈是標榜自己不追求名利，你就愈要強調進步和發展對一個公司、一個部門的重要意義，強調一個有擔當的人應該出來做事，而不是冷冷地在岸上看著別人落水。

魯迅先生有一段話，我覺得特別好，足以對抗這些假清高：「願中國青年都擺脫冷氣，只是向上走，不必聽自暴自棄者流的話。能做事的做事，能發聲的發聲。有一分熱，發一分光，就令螢火一般，也可以在黑暗裡發一點光，不必等候炬火。」

職場上，假閒雲野鶴都不是省油的燈。從打小報告到謠言中傷，他們可能 招都不會少。千萬不要輕易被他們激怒，穩住了局面想要對付他們就不難了。具體來說有三個策略：好好做事；處理好和主管的關係；照顧好周圍人的利益。

●策略一：好好做事

假的閒雲野鶴最怕的就是別人把事情做成，為此他們可能會去中傷、嘲笑做事的人。假如你被這種言語激怒，那就中了他的計，正確的作法是繼續做事、把事做好。

難過的時候就念念這句話：「躺平順一時之氣，做事創蓋世之功。」在好好做事這件事上，千萬不要糊塗。

❶躺平：網路用語，意指對未來感到渺茫，寧願無欲無求地生活，也不想像以前的世代那樣打拚奮鬥。

●策略二：處理好和主管的關係

再來說處理好和主管的關係。如果不能左右主管，假的閒雲野鶴就沒有影響大局的能力。再次強調，你在職場上最重要的關係就是和主管的關係。

多去主管那裡彙報進度，談談做事的方法，不懂的地方請教一下，和主管的關係像師徒一樣緊密，即便有幾個人冷言冷語，又能把你怎麼樣呢？

●策略三：照顧周圍人的利益

最後說說照顧周圍人的利益。要想被提拔、被重用，就不可能一個人獨得所有的利益。一個專案做好了，你的職位升級了，要給身邊的同事分享發展的好處，能分享利益的人才是真正高尚之人、真正的君子。標榜讓所有人都窮著、苦著，這不是高尚。

顯出自己的光和熱，處理好和主管的關係，照顧好周圍同事的利益，你就是這個部門裡最閃亮的一顆星，是主管手下的大將，就算遇到什麼麻煩，也會有人幫你。

這個時候，就算假的閒雲野鶴再怎麼吹噓自己，攻擊你醉心名利，大家也只是拿他當個笑話。你是將才，他是怪咖，要在你們之間二選一，你怎麼可能輸呢？

重點精華

- 高尚是好事，的確有真正高尚的、淡泊名利的人。但若自我標榜為閒雲野鶴，一定是別有用心的人，他們熱衷於製造規矩限制、愛爭論，對功德錙銖必較。
- 假的閒雲野鶴，用人畜無害的形象迷惑你，給你製造輿論壓力，爭取幼稚的中立同事，還會誤導主管，騙取信任。
- 對付假的閒雲野鶴，最好的辦法就是把事做成、分享利益。分享利益比呼籲躺平要高尚得多，也會更有人氣。

愛揣摩主管意圖的人

——怎麼防？怎麼用？

你一定在職場上見過這樣的人：特別愛推敲，一直在揣測。他琢磨揣測的不是別人，正是主管。

「主管這麼做的意圖是什麼？」

「我覺得主管是這麼想的，不行，我得早做準備。」

如果偶爾他覺得自己沒有看透主管的意圖，簡直就要焦慮透頂，坐立不安。自己糾結倒也罷了，還要拖著別的同事一起。

「你覺得主管的那番話，真的就只是提下一步的工作要求嗎？」

「不對，我覺得一定還有別的意思，是不是要突擊查勤，抓遲到的人呢？」

看著他這樣折騰自己，你可能還覺得有點可笑。沒想到被他說中了一兩次之後，身邊的人也都開始揣測起主管的意圖了。

每個人都努力做更多、想更多，本來是好事。但大家都努力猜更多，煩惱就來了。大家都變得更累、更焦慮了，這就是「內耗」的一種。別覺得他看起來暗暗得意，其實也是苦不堪言。這種愛揣摩主管意圖的人的本質是什麼呢？如果同事裡有這樣的人，你要怎樣才能不受他影響呢？下面我就詳細拆解一下。

愛揣摩主管意圖的人，本質上是邊緣人

你可別覺得愛揣摩主管意圖的人有多強大；正好相反，他們當中有大多數是職場上的邊緣人。你可能會覺得有點奇怪，他能猜中上級的意圖，怎麼會是邊緣人呢？

正是因為他要靠猜的，才證明他是不重要的角色。

你可以想想你們公司裡，主管面前真正的紅人、最受器重的副手或者部門負責人，他的氣質是怎麼樣的。他每天在猜主管的意圖嗎？

當然不是。因為主管要做的大事，都會拿出來跟他商量，許多公司的戰略，就出自這樣重要的人物之手，主管點頭後成了公司的決議。

真正互相信任的關係，是不需要你猜我、我猜你的。

愛揣摩主管意圖的人，恰恰是因為沒有進入核心的決策層，才發展出一套奇怪的解讀方式，還自以為很高明。

「冷戰」時期，美國和蘇聯都互相派遣間諜，但是打入對方內部的特務很少，大多數情報人員都是搜集對方的公開出版物來判斷對方的決策動向。

美國間諜就每天去買《真理報》，看看哪個蘇聯高層領導人最近沒被報導提到，然後猜這個人可能發生了什麼事，找找別的證據，就寫一大堆的報告給情報部門。這種猜、矇的學問，被稱為「克里姆林宮學」，意思是研究蘇聯克里姆林宮的學問。

美國的情報部門當然不會完全相信「克里姆林宮學」的報告，真正的重要決策，一定是依據重要的情報才能做判斷。

同理，揣摩主管意圖的人，也和這些搞「克里姆林宮學」的美國間諜一樣。他們因為和主管或者核心人物距離太遠，才養成了瞎猜的習慣，這又會讓他們變得更加邊緣化。

揣摩主管意圖的習慣是怎麼養成的？

一個人僅僅和主管關係疏遠，是不至於養成揣摩主管意圖的習慣的。揣摩主管意圖的人和主管，這兩方往往都有自己的問題。

大致上說來，基本是這四種情況：工作交代不清楚，兩人關係有隔閡，下屬對處境有疑慮，主管偏好諂媚之人。

●情況一：工作交代不清楚

先說工作交代不清楚。主管在交代工作的時候，需要用準確的語言，尤其是基層的、剛開始帶隊伍的主管，不能期待下屬自由發揮，如果確實要對方自由發揮，就要說出「自由發揮」這四個字來。

有的人對工作方式、方法的理解非常含糊，到了後期主管不滿意，又要推翻重來，那下屬就容易胡思亂想，開始揣測主管的意圖。

●情況二：關係有隔閡

再說關係有隔閡。有的主管對下屬有看法，兩人之間有矛盾，或是派系不同，雙方互相不真誠溝通，也會讓下屬對主管的每句話過度地解讀。

●情況三：對處境有疑慮

再來看對處境有疑慮。懷疑自己會被降職、受到處分甚至被解僱的下屬，容易胡思亂想去揣測主管的想法。

●情況四：主管偏好諂媚之人

最後說主管偏好諂媚之人。有的主管喜歡那種自己不說，讓下屬來猜他有什麼需求、什麼困難，主動來請示他、巴結他的感覺。

這類主管在一些風氣極差的公司非常多見。有的主管看見年輕下屬，故意把茶杯蓋打開，看看對方有沒有眼力去給自己倒水，如果對方沒看懂就「另眼相待」。這是不對的。下屬體貼主管，是因為對主管敬重愛戴，如果用這種猜謎語的方式去分辨人、評估人，那部門裡就會充滿愛揣摩、好巴結的人。

如果你是主管，正確的作法應該是，需要下屬順手幫你倒杯水，那就大大方方說一句「請幫我倒杯水」，倒完說一句「謝謝」。下屬來到你的辦公室，你也可以幫他倒水。

直來直去的關係，是效率最高的關係，為了逞威風而耽誤正事，就得不償失了。

如何防備喜歡揣摩主管意圖的人？

如果你不幸和一個喜歡揣摩主管意圖的人是平級同事，那可得好好防備這個人。我整理了四條原則，要盡量避免這四件事：不要模仿、不要相信、不要加入、不要說破。

第一是不要模仿。絕對不要模仿這種人，剛才我說過他們都是笨拙而邊緣化的人，你跟臭棋簍子[1]學棋，只會愈學愈臭的。

第二是不要相信。他們當中有的人非常樂於分享自己的解讀，千萬別信。因為猜得多了難免會猜中。美國總統不會相信「克里姆林宮學」的報告，你也不應該去相信這些人的解

---

[1] 臭棋簍子：指棋藝拙劣卻又對下棋著迷的人。

讀，而是應該透過真正重要的人打聽情況；如果要了解主管的真實想法，正確作法是多跟他直接交流，多向他彙報。

第三是不要加入。如果他想要拉著大家一起做點什麼，千萬不要加入，因為他本身就猜錯了，做出來會更錯，主管十有八九不喜歡。

第四是不要說破。別隨便去試圖糾正他們的錯誤認知，這些人往往非常自戀，你身為平級同事，如果說他的那套解讀是胡說八道，他絕對會勃然大怒，甚至還會放話出去，造謠你說主管不好。

所以，千萬不要存有拯救他們的心。解鈴還須繫鈴人，他們的心結，只有被揣摩的那個人才解得開。

良性揣摩者和惡性揣摩者

只有在一種情況下，你可以勸說這種喜歡揣摩主管意圖的人，那就是你是他的主管，而他揣摩的就是你。

揣摩者雖然特別容易壞事，但是下面這兩種揣摩者還是可以改造的：

他想進步，所以希望了解你的所思所想；他揣摩你，是因為在乎你，渴望接近你。

希望了解你的所思所想，是在和以前主管的互動中形成了愛揣摩人的習慣，還沒有造成嚴重後果。

渴望接近你，通常是那些年紀比較輕、社會經驗不夠豐富的職場新人，他們聽信了家裡糊塗長輩的傳授，把給主管出力的心用錯了。

這兩種揣摩者不是品德敗壞，主要還是認知錯誤。對這種良性的揣摩者，可以用，但是一定要先說清楚，要改變他們。

你可以把他請過來，當面跟他談一次：「我不知道你怎麼跟以前的主管相處，但是我帶團隊，就是要直來直往。你有什麼困惑，可以直接來問我，跟我談；我如果有什麼需要、什麼交代，也不會出謎語讓你猜。你是一個有能力的人，不要去猜測我的想法，把你的能力用在想辦法幫我做出業績來，一定會大有作為的。」

但是，還有一種惡性揣摩者，他們揣摩之後造謠，有意製造矛盾，甚至揣摩大主管。這種人能清理掉是最好的，就算以你的職權不能隨便辭退下屬，也要盡量把他們放在邊緣職位上，盡量減少損害。

先說揣摩之後造謠的人。這種人不光自己揣摩，還要在部門裡造謠傳播這些推測，惑亂人心。這種人的揣測，不是因為想要進步或者出於不安，而是為了在部門裡獲得獨特的地位，比如成為「主管意圖的解釋者」。

東漢末年，曹操殺死了自己的謀士楊修。為什麼這麼做，歷朝歷代的解釋很多。比如有人說楊修支持曹植站錯邊，也有人說曹操嫉妒楊修聰明，還有人說因為他是袁術的外甥，但這些都不是最重要的原因。

曹操解釋說楊修惑亂軍心，這是實話。楊修自己揣摩了曹操的心思，還去說給全軍聽，儼然以上級的意圖解釋者自居，這是野心，也是找死。

再來說揣摩之後有意製造矛盾的人。有的揣摩者不公開造謠，而是偷偷告訴團隊裡的某個人，「主管對你有意見」，故意製造矛盾。這種人不是狂妄之徒就是陰謀家，如果發現，就不要信任他了。

除此之外，還有一種就是揣摩大主管的人。越過你這個直屬主管去揣摩大主管，他就不僅具有揣摩者的一切缺點，而且還有野心家的各種潛質。這種人能不用就不用，能裁掉就裁掉，千萬不要用這種人來幫你推算大主管想做啥，你一定會被這種人坑殺得很慘。

職場上最容易獲勝的就是正大光明的人。想和主管搞好關係，一靠實力，二靠溝通；妄想靠一點小聰明猜中主管意圖來獲得好處，這是險途，不要輕易走，否則後患無窮。

重點精華

◆ 愛揣摩主管意圖的人在職場中都是邊緣人。

◆ 工作交代不清楚、兩人關係有隔閡、下屬對處境有疑慮、主管偏好諂媚之人，這些都會造就愛揣摩主管意圖的人。

◆ 對待揣摩主管意圖的平級同事，不要模仿、不要相信、不要加入、不要說破。

◆ 如果你的下屬是這種人，品行尚可或者年少無知的要好好談幾次；性質惡劣的，比如造謠、故意製造矛盾、越級揣摩的，最好趕緊處理。

被下屬愛戴敬佩的人
——一定要敬重對待

有這麼一種主管，他在大主管那裡，好像永遠都無法成為最紅的人。他不是青年才俊，也不是善於鑽營的類型。你有時候會覺得，跟著他做事，像是在坐一張冷板凳。

這種主管，工作雖然不見得是最出色的，但一定是最穩妥、不容易出紕漏的。

最關鍵的一點是，部門裡的同事提起他，都會在背後大大方方稱讚一句：「我們老大，做人實在。」

如果是年少輕狂的下屬，可能會抱怨幾句：「還是要去跟集團爭取資源，拿下最熱門的業務，大家才有好處啊！這樣下去，早晚會被別的部門併吞的。」

不知道你有沒有這麼想過。如果想過，我要告訴你一個真相：你的主管絕對沒有你想像得那麼弱；相反，他非常強。他的立身之本、存活之道，就是踏實地做業務，就是你們這群人對他的敬佩和愛戴。

職場上，不是在主管那裡巴結諂媚的人才有機會，一個人如果被下屬擁戴、愛護，也能夠在職場上受到敬重，被長官另眼相待，他們也是非常成功的人。

為什麼這麼說呢？如果你有一個這樣的主管，應該怎樣和他更合適地相處呢？接下來我就來分析一下被下屬愛戴和敬佩的人。

公正是受愛戴者的本色

中學時候有一篇文言文叫〈曹劌論戰〉，選自《左傳》。齊國的軍隊入侵魯國，曹劌問魯莊公：「您覺得您為什麼能跟強大的敵人一戰呢？」

魯莊公說：「我有了好吃的、好衣服，都分給大家。」

曹劌搖搖頭：「這都是小恩小惠，您能分給幾個人呢？這種沒用。」

魯莊公說：「我祭祀的時候滿大方、滿虔誠的，鬼神應該知道。」

曹劌說：「鬼神不會幫您打仗。」

魯莊公又想了想，說：「我遇到各種案子，不管能力如何，一定會詳盡調查。」

曹劌說：「好，這個對，我們可以跟敵人打一仗了。」

這講的其實就是職場上下級關係。祭祀鬼神，就和今天主管唱高調差不多，沒人會因為你唱高調就追隨你；用小恩小惠去饋贈人，就跟經常請大家喝奶茶吃零食差不多，別人可能親近你，但不足以愛戴你。

真正能讓下屬愛戴你的品格是什麼？那就是公正。

小恩小惠的收買，只能讓幾個下屬親近你。只有對下屬公正、以及賞罰分明，讓努力的人得到回報的主管，才能夠得到下屬的效忠。春秋時代的諸侯國如此，而到了現代的職場也是如此。

主管因為公正而受到愛戴，同時，受到下屬普遍愛戴的人，幾乎無一例外都是對下屬公正的人。被下屬普遍愛戴的人，他的本色就是一個公正的人。

被下屬尊重的人，為什麼受長官尊重？

你可能會說，公正有什麼難的嗎？這不是輕鬆就能做到的事情嗎？如果這麼想，那你可能還不了解真正的公正。

各盡所能、按勞分配和耕者有其田，這兩句話你覺得哪個公正？乍看好像都很公正，但是你再想一想，這兩句話是不是可能會產生衝突？

當過主管的人都知道，職場上的利益分配，一方面要獎勵出色的人，給他們積極回饋；另一方面，還要把一些資源分給那些業務不那麼出色的下屬，因為那些活兒可能會很累、很苦，一點也不風光。

這就說明，只有利益分配還遠遠不夠，還需要做到機會公正，滿足下屬進步、發展的需要。培養誰、提拔誰、獎勵誰，這都是當主管的學問。只有處理好內部的糾紛、恩怨，能對決定說出站得住腳的理由，能把脾氣古怪的人和跟上面有關係的人都鎮住，讓他們好好工作，才能被下屬尊重和愛戴。

能處理好這樣的局面，必然是非常聰明、非常有智慧的人。公正的主管都是智者，而受下屬尊重的主管，還有一個特點，他們必然都是勇者。

魯智深來到大相國寺，認識了一群流氓。這群人開始想揍他，他把這群人教訓一頓之後，還能把園子裡的菜公正地分給大家。魯智深武功高，壞小子怕他說得過去，但是敬重、佩服他，就是因為他公正。魯智深敢跟高太尉作對，去救林沖，就是因為他是公正的人。公正的人，一定都是勇者。

魯智深因為內心秉持公正，好的長官，比如五台山的長老會敬他、愛他；不好的長官，比如相國寺的和尚，甚至還有點怕他。

大主管無論好壞，都有看人行事的本事。看到受下屬愛戴的人，他們智勇雙全，就算不重用也不會隨便惹。看到把下屬折騰得雞飛狗跳的平庸小主管，就可以好好收拾一頓，讓他聽自己的話。

有了公正心，重視下屬的需求和呼聲，幫他們主張利益、平衡關係，你的智和勇自然就修煉出來了。

欺負被下屬愛戴的人，會有什麼麻煩？

如果大主管想要欺負一個得人心的部門負責人，那他有幾關要過：承受輿論壓力、承擔重選負責人的成本、與重要人物反目。

首先來談談承受輿論壓力。杭州的岳飛墓，在岳飛的墳前跪著四個奸臣鐵像，接受千古唾罵。岳飛就是一個被下屬尊重愛戴的領袖，他含冤受屈而死，無論宋高宗還是秦檜都背上了千古罵名。職場也是如此。去委屈、陷害一個得人心的部門負責人，做這件壞事的人心理負擔會非常大。

再來看重選負責人的成本。在很多公司，有些部門確實是靠一個出色的人運轉。趕走一個做得好的負責人，把和自己關係好的人派到那個位置上，這個部門真的會轉不起來，進而影響整體的工作業績。

最後說說與重要人物的反目。在職場上，大多數人都不可能一手遮天。想收拾一個無足輕重的小角色簡單，如果要處理一個主管，會導致很多員工群情激憤，那就得不償失了。

現實中，大多數想要找碴的長官都會迴避那些有聲望、得人心的部門負責人，盡量不惹他們，除非他們有了重大失誤，否則一定會客客氣氣，避免和他開戰。

如何效力於被下屬愛戴的主管？

被下屬愛戴的主管，不會被上面的長官隨便欺負。如果你剛好有這樣的主管，應該怎樣和他更融洽地相處呢？

我給你四個字的要訣：做就對了。你的主管已經是一個智勇雙全、人品優秀的人了，還有什麼可疑慮的呢？忠於他、幫助他，一起轟轟烈烈大幹一場吧。

不過，打氣加油之後，我還是要再提示幾點現實中的防身之道：

智勇雙全的人不是聖人；

愛戴他的人裡也會有小人；

多彙報、多溝通、別害羞；

未來要像他那樣處世待人。

先說智勇雙全的人不是聖人。再出色的主管，可能也會有讓下屬受委屈的時候。公正的人不是永遠不犯錯，而是他講道理，會聽你解釋，所以如果覺得受委屈了、被冤枉了，可以去跟主管談談。

再說愛戴主管的人當中也會有小人。公正的人大家都喜歡，有些人品不佳的人也會喜歡好主管，主管的身邊有好人也有壞人。防備壞人的心不可無，和大家在一起的時候，說話做事都不要太隨意，別覺得一個好主管底下就都是親兄弟，這可不一定。

接著說說多彙報、多溝通、別害羞。有的人比較害羞，一看主管受人愛戴，很自然地就離遠一點，做好手上的事情就結束了。這是不對的，你該幹活要幹活，該請功還是得請功；主管是聰明人，一兩句話他就明白了，不需要你去巴結、去諂媚，但是你不說，功勞可能就被別人搶了。

最後說說未來要像主管那樣處世待人。有人之前給我留言，說自己對主管特別敬佩，不知道該怎麼表達心意，想給主管送禮物。上次三千元的禮物送出去，主管沒有收，問我怎麼再送出去。

有些公正的主管，確實可能不願意收下屬的禮物。你出於對他的敬佩和感激，逢年過節送一點小禮物、小特產是可以的，但不要太昂貴，否則也有犯了公司內部廉政制度的風險。

如果真的想感激一個公正的主管，你可以試試變成他那樣的人。未來有了自己的部門、自己的團隊的時候，也能去體察下屬，維護他們的利益，獎勵提拔裡面優秀的人。

等到你自己站在山巔的時候，回想主管對你的言傳身教，把這些優秀的故事分享給你的下屬，可能是對一個公正的主管、一個好師父最大的安慰。

重點精華

◆ 能被下屬普遍愛戴的主管都是厲害角色，智勇雙全。

◆ 欺負被下屬愛戴的人，會背負沉重的輿論壓力，折損業績，造成價值觀崩壞，還可能得罪重要的人。

◆ 喜歡一個主管的終極目標，是成為像他那樣的人。

Part 5

友善的人

不妨試試和這些人接近

有些人的靈魂有亮色，

他們是職場之光，

發現這樣的人，和他們共事，

也是人生中的幸事。

我們都是孤單的、手舉小小燈籠夜行的人

—— 期待同類，期待夥伴。

職場「好學生」

——為何被逼急了，反擊起來特別可怕？

職場上你一定見過這樣的人：認真、講規矩，可能還帶有一點點呆氣。他們從小就受了良好的學校教育，希望成績出色、出人頭地；同時也受了良好的家庭教育，渴望與人為善，最怕惹事；一路靠著自己的努力最終有了今天的位置。

他們信任規則，也捍衛規則，覺得什麼事都要講道理，不應該偷偷摸摸、鬼鬼祟祟。現實中，這種人單純認真。但是在有些人的眼中，他們恰恰就錯在太單純。

你身邊一定有這樣的人，也許你自己就是這樣的人：戰戰兢兢、小心翼翼，不敢越雷池一步。這種人其實非常可愛，偏偏就有人要欺負、為難他，還以他的窘迫為難而得意。

我把這種總是小心翼翼的人叫作「好學生」，在職場中，應該如何跟好學生相處？如果你就是那個容易被老鳥欺負的好學生，又該如何反擊？下面我就來詳細分析一下職場裡的好學生。

好學生的本質：尊重規則者

大多數好學生並不是天才，而是認真努力的人，他們是尊重規則者。好學生一般有三個特點：性格被動、依賴秩序、患得患失。我們逐個解釋一下。

先說性格被動。好學生大多數是不會主動出擊的人，他們堅信酒香不怕巷子深，相信做出成績來主管自然就能看到。

他們希望按部就班地完成任務，就可以得到主管的賞識、同事的尊重，他們不願意去求名逐利，覺得跟人打交道比較麻煩。

再說依賴秩序。如果只是不願意主動出擊也就算了，好學生的第二個特點，就是在遇到問題時更傾向於求助秩序。

依賴秩序固然是好學生的優點，但是這也嚴重地限制了他們的發揮。在職場上受到對手傷害，甚至人身攻擊的時候，好學生會傾向於走流程反擊。這個反擊方式偏向軟弱，而且週期通常比較長。

最後說患得患失。好學生今天的地位是哪裡來的？是通過考試，是合法競爭而來的。由於過去一步步走過來特別難，所以他們在做決策的時候就會特別謹慎。但是，怕失去會讓好學生患得患失，在職場競爭中放不開手腳。

好學生小時候在學校裡多完美，在職場上就有多尷尬。因為僅僅依靠規則和對手鬥爭，會吃很多苦頭。

為什麼好學生是隱藏的王者？

曾經有人跟我說：「熊老師，我特別痛恨自己的書卷氣，我工作之後還在學習，在提升自己，但是遇到同事對我的那些欺負和敵意，覺得自己過去三十年的經驗都崩塌了，覺得自己非常軟弱，非常傻。」

有這種想法的人並不少見，有的同學讀完了碩士甚至博士，成了所謂的「大齡職場新人」，在公司裡的處境就比較微妙。學歷比身邊的同事高，職場經驗又遠遠不如別人，他們遭遇的不僅是普通的爭名奪利，還有嫉妒和敵意。

我就經常對這種好學生說：「別著急，你未來一定會比那些隨隨便便過日子的人強。好學生都是隱藏的王者。」

我不是在安慰誰或者販賣心靈雞湯，我說的都是大實話。為什麼呢？好學生有三個讓他容易成功的特質：智商過人、高度自律和潛力無窮。

●特質一：智商過人

我們先說智商過人。總體來說，考試制度的優勝者，在智力和綜合素質上，很可能要比其他人更加出色。比如在職場上，二一一和九八五名校[1]的畢業生，大部分情況下比高考得

[1] 二一一和九八五名校：意指中國二十一世紀的一百所重點大學，而「九八五」院校從一九九八年五月至二〇一〇年第三批建設結束後，共有三十九所高校入選，所有高校均在二一一工程的一百一十二所高校名單內。

三百分的員工要好用一些。這聽起來可能有點揪心，其實是因為他們當中的大多數都善於學習，自動自發，要求自己不斷上進。當然，這並不是絕對的。

●特質二：高度自律

再來說高度自律。職場上用心沒用心，主管知道，同事也知道。一個在學校裡願意踏踏實實讀書的人，往往在工作中也更能耐得住寂寞，服從性也會更好。

●特質三：潛力無窮

最後說說潛力無窮。好學生尊重規則，雖然會在職場衝突中有點吃虧，但也讓他們保留了一部分的破壞力冗餘。

什麼叫破壞力冗餘？好學生不是沒有破壞力，只是平時不用而已。如果被欺負得太狠，這部分力量就會被釋放出來，那時候他的對手就有大麻煩了。

所以我說好學生是隱藏的王者。他們是充滿力量的人，但如果只是簡單地一味退讓，最後來一個大爆發，可能會耽誤公司的正事，也會導致一些關係破裂、無法收拾。

為什麼不能欺負好學生？

既然好學生是隱藏的王者，應該如何對待好學生，其實就非常明確了。應該團結他們，發揮他們的作用。如果好學生是你的下屬，那你可以考慮幫他一把。之所以採用這樣的態度，主要有以下幾個原因：

壞人真的打不過他們；

他們認真起來破壞力真的很強；

完美受害人給人的震懾感；

好學生有自己的人脈。

●原因一：壞人打不過

先說第一個，壞人打不過好學生。職場上有些看人行事的人。欺負好學生的，十之八九都是這樣的人。這種人的格局非常小。

欺負好學生的人，無論是普通同事還是好學生的上級，都只是單純想要發洩情緒，他們不能從這種欺凌中受益，反倒是好學生一旦適應了職場，有了賞識他的主管或是信賴他的朋友，就能迅速變強。所以，看見壞人欺凌好學生，這可能是我們接近好學生的機會。

●原因二：認真起來，破壞力超群

再說第二點，他們認真計較起來，破壞力真的很強。好學生在被逼入絕境的時候，會用秩序和規則做武器，爆發出驚人的力量。

我寫過一篇關於《教父》的影評──〈好學生出來混，就沒真混混什麼事了〉。二代教父麥可．柯里昂考進了大學，又參加了二戰成了戰爭英雄，被江湖氣十足的壞人和黑警當作好學生欺負。結果他報復時，用了自己的一切力量和智謀，強大的氣勢讓人十分佩服。

●原因三：完美受害人

接著，說說完美受害人給人的震懾感。如果一個主管去修理管教一個每天遲到曠工、搬弄是非的員工，大家心裡會覺得這傢伙罪有應得。

但是如果有人去欺負那種剛剛畢業，什麼壞事都沒幹過的好學生，職場上的輿論就會對那個欺凌者非常不利。

●原因四：擁有自己的人脈

最後說一下，好學生有自己的人脈。好學生有個非常重要的人脈圈，就是他的同學、老師和校友。這是一批有實力、有資源的人，他可以把這些資源為工作所用，這些人也可能在他遭到欺凌的時候站出來替他出頭。欺負一個好學生好像很容易，但你不知道日後會有什麼人來對付你。

好學生的自我成長

如果你就是好學生，應該怎麼在職場上存活和成長呢？簡單來說就是四條：擺脫「學生味」束縛；重建成年人社交；主張自己的利益；在衝突中得利成長。

●擺脫學生味

先說擺脫「學生味」束縛。學生的身分任務比較單一，成績好、聽話就可以了；但是進入職場後，事情就發生了變化，職場人要有自己探索、想辦法更好地完成任務的自覺。

每個學生的身分都一樣，但是職場人會更加講究配合。在職場上，業績優秀只是職場進步的條件之一，你還需要去表達自己，維護和主管的關係。

老師喜歡學生勤學好問，但是主管只希望下屬來幫他解決麻煩。最好的上下級關係可能是師徒關係，但是主管和老師是完全不同的，用對老師的態度去對待主管，主管會覺得你就是一個小孩子，不成熟。

●重建成年人社交

再來是重建成年人社交。職場關係是成年人之間的關係，不要帶那麼多的情緒，要根據自己的最大利益來行事。不要因為誰跟你顯得親近，就立刻向對方靠攏。分清盟友和對手，團結更多中立的同事，這是職場的規則。

不要在同事裡發展那種交心的朋友或者無話不談的閨蜜，成年人的職場上有利益衝突，和同事太親近會很危險。

●主張自己的利益

還有就是要主張自己的利益。溫、良、恭、儉、讓，是學生時代的美德，在職場人的階段，美德就是做事可靠、明確表達。

別人做了讓你不舒服的事情，表達出來，告訴他你不爽，告訴他下次不要這麼做。和別人有競爭關係不要退讓，不要客氣。要打考績的時候也不要高姿態，你本來在乎，但是非要顯得自己不在乎，好讓主管像老師一樣表揚你、獎勵你，這是自我折磨。

●在利益衝突中成長

最後一點，就是在利益衝突中成長。學會處理衝突是成長的開始，是一個人改掉學生腔的開始。

最後要提醒好學生一點：你已經上班了，不要再把之前自己上學的時候多出色、多優秀放在腦子裡、掛在嘴邊。那個時代已經過去了，現在你要認真對待你身邊的同事，無論他曾經考過多少分，無論他是什麼出身；如果不明白這個道理，你會不斷地在職場上冒犯人。

重點精華

◆ 好學生是尊重規則的人，聰明、自律，但初入職場在老鳥面前有點吃虧。

◆ 如果欺負好學生，可能會讓他們釋放出可怕的力量，正確作法是好好用他們的實力。

◆ 好學生最終的路，是步入成年人社交、主張自己的利益、學會直面衝突。

人際關係裡的鷹派守則

你喜歡那種光芒四射、咄咄逼人的人嗎？只要稍微有一點錯，可能就會被他揪住批判一頓。他對自己嚴格，對別人更嚴格。想做他的朋友，必須非常優秀才行，與他為友，你要有一些高過他的地方。

這樣的人，我們稱為人際關係裡的「鷹派」。

反之，認為交朋友關鍵在於開心，形形色色的朋友都要交，注重合作和說服的那一派，我們稱為人際關係裡的「鴿派」。

鷹派相信實力，相信官大一級壓死人，相信職場上老人對新人的排擠。鷹派也對自己充滿期待，認為自己應該在食物鏈的頂端，至死方休。

鴿派相信合作和說服，相信人心都是肉長的，相信人間自有真情在。鴿派對社會充滿期待，認為人人都應該獻出一點愛，從我做起。

你是鷹派還是鴿派？

別著急下定論，最典型的鷹派和鴿派都是很罕見的，很多人都是複雜的混合體，常見的有鷹偏鴿、鴿偏鷹、外鷹內鴿和外鴿內鷹這幾種類型。

現代心理學各流派普遍認可的人格理論是「五大人格模型」（Big 5 personality traits）。這五個人格因素分別是開放性、盡責性、外向性、親和性和神經質。用這五個人格因素來衡量人際關係裡的鷹派和鴿派可以發現，這兩派人並不分什麼優劣和高下，事實上很多偉大的事業都是這兩派人攜手完成的。

對這兩派的人來說，要做的不是糾正對方，不是「你變成我這樣才好」，而是要理解自己、理解對方，克服自己的短處，學習對方的長處。

對鷹派來說，下面幾點可能要著重注意一下。

謎之自信

一個鷹派最高主管最好擁有一個強而有力的鴿派副手，能時不時地把他從盲目自信中拉回來。很多大公司的創始人就屬於非常典型的鷹派。

衝動是魔鬼

儘管在電視劇裡，白素真被塑造成一個追求真愛、品德高尚的女性，但白素真就屬於典型的鷹派，劇中也保留了「水漫金山」這個能體現鷹派實質的重要情節。

在《警世通言》原著第二十八卷〈白娘子永鎮雷峰塔〉中，白娘子用一個極度鷹派的口吻對她家相公說：「若聽我言語，喜喜歡歡，萬事皆休；若生外心，教你滿城皆為血水，人人手攀洪浪，腳踏渾波，皆死於非命！」

學會悲憫

鷹派往往在智力和業務能力上都不差，但強者一定要有悲憫之心。否則很容易成為那種超級英雄電影裡的「科學怪人」，覺得程度不如自己的人都應該去死。

《獅子王》裡的辛巴，就是一個學會了悲憫之心的正面鷹派。牠骨子裡是鷹派，但從小和兩個鴿派朋友一起長大，這讓牠懂得了平和與悲憫，性格變得更加複雜，屬於鴿包鷹的典範。這類人也容易使對手降低警覺，鷹式反擊到來的時候，對方才會明白已經晚了。

複雜的性格能讓你在人際關係中更加主動，盡量避免做讓別人一眼看穿的人，要多和性格互補的人做朋友。

避免逆境崩盤

鷹派在遇到挫折和打擊的時候很容易崩盤，運氣好的鷹派可能會扛下來，把自己向鴿派靠攏，一個更好的辦法是儘早從別人那裡去體驗挫折和崩潰。

《笑傲江湖》裡，任我行就是非常典型的鷹派，任盈盈則是以鷹為主。任我行被關了多年黑牢，用仇恨支撐著自己，但任盈盈早早遇到了令狐沖這個鴿派，令狐沖給她講了一個自己受挫和崩潰的故事，任盈盈傾聽的同時萌發的不僅是愛意，還有性格上的變化，她從此變成了一個鴿四鷹六的人，這種比例最容易成就一個狠角色。

一定不要做「十分鷹」

一個職位上，有鷹派和鴿派非常正常。今天你上臺，明天我上臺，對手強了就讓鴿派去示弱一下，對手弱了就讓鷹派動手打擊一下。一個唱紅臉，一個唱白臉，就有了運用策略的可能。

同理，人際關係中，做「十分鷹」就會有十分的敵人，而你也會變成一個可以預期的人，這樣的風格很容易中別人的圈套。

《天龍八部》裡的岳老三看上去凶神惡煞，總是自己說了算，但實際上他和「四大惡人」總是給各種不怎麼樣的勢力當打工仔，甚至被段譽這個大鴿派牽著鼻子走。

無論鷹派還是鴿派，都不是基因決定的，和星座、血型也沒什麼關係，有些人可能會受到一點家庭影響。大多數人的行事方式是青春期時形成的，有的人是遭遇了變故，有的人是嘗到了甜頭，從此就這麼繼續走下去了。

當你認同自己的類型之後，會不斷對自己進行心理暗示來強化這種類型。

鷹派常見的自我暗示方式是：「我這人說話直啊……你……」這就像一個免責聲明，此後他會說出一大堆不中聽的話，這類口頭禪會不斷強化自己的鷹派色彩，這對說話的人並不是一件好事。

鷹派如果分不清堅決和咄咄逼人的不同，就容易變成一個虛張聲勢的人，咄咄逼人，充滿攻擊性，別人說一句話就要嗆回去，這是完全錯誤的。

鷹為什麼強大？牠的嘴沒有狗厲害，爪子比不過山貓。鷹在空中，層次高、看得遠，能最先發覺遠處的機會和敵人，一個鷹派也應該像這樣強大。如果只是簡單地表現出攻擊狀態，遇見生人就啄幾下，那最多就是一隻不友善的鵝。

所以，鷹派行事時才更應該注意以下幾點：

第一，多去蒐集資訊、學習知識，要比別人看得遠一步。

第二，克制自己不必要的攻擊性，變成一個深沉而有內涵的人。

第三，保護弱小，鷹派更應該是騎士，而不是魔頭。

第四，重視團隊協作，你如果是團隊中最敏銳、最勇敢的角色，那就應該去PK敵營中的鷹派，遇到談判、爭執時去碾壓對手。

第五，理性的鷹派會被對方身上有而自己沒有的東西吸引。鷹派和鴿派，在人成長的早期區別可能會特別明顯，但是當人們進步之後，兩者間的界限會變得模糊，兩派隨著成長最終會趨向融合。

優秀的鷹派會生出悲憫，優秀的鴿派會長出骨頭。就像優秀的男人和女人往往會擁有相似的美德，男人會變得溫柔，女人會變得堅強。

重點精華

◆ 鷹派如果分不清堅決和咄咄逼人的不同，就容易變成一個虛張聲勢的人。

◆ 多去蒐集資訊、學習知識，要比別人看得遠一步，克制自己不必要的攻擊性，變成一個深沉而有內涵的人。

◆ 保護弱小，鷹派更應該是騎士，而不是魔頭。

◆ 重視團隊協作，你如果是團隊中最敏銳、最勇敢的角色，那就應該去PK敵營中的鷹派，遇到談判、爭執時去碾壓對手。

人際關係裡的鴿派守則

想要知道鴿派的生存策略，還是先回到鷹派和鴿派的「五大人格模型」特質上：鴿派的個性讓他們可以成為非常好的朋友，他們人緣往往很好，儘管他們不是最善於交際的自來熟。鴿派是任勞任怨、可以倚重的一種力量，尊重權威讓他們成為優秀的員工，但是鴿派同樣也有自己的短處。

低效的表達

鴿派在鷹派面前往往難以說出自己的意見，或者是因為表達方式太過於委婉，最後導致自己的意見被忽視。

而一些鴿派可能會誤認為，附和強勢的人會讓對方更容易接受自己的意見。但有一個很重要的問題是，鷹派很容易忽視別人的看法，如果不夠直接或者表達得太委婉，你的意見可能就被錯過了。

假裝的堅強

一個人怎麼說不重要，怎麼做才重要。

梁朝偉在《一代宗師》裡扮演的葉問就是如此，他談論武功的時候顯得像個鷹派，其實內心非常柔軟，他和宮二一樣都是鴿派，這種鷹包鴿的性格一旦被有心人擊破了防線，就會一潰千里。

我不是什麼好人

大多數鴿派都害怕和別人撕破臉，並且希望自己能做個好人，這是一個非常折磨人的念頭。但是，千萬不要在感情上當好人，不然你會把所有的事都搞砸了。

電視劇《衝上雲霄》中，吳鎮宇扮演的機長在前後兩任女友之間搖擺不定，總是希望兩個女人都說自己好，結果把兩個人都傷害了。

類似形象還有張無忌，也是在幾個女孩間搖擺不定。友善是種很好的品質，但是過分糾結於追求「我是個好人」，會讓自己陷入極度疲累中，這種折磨我稱之為「人內損耗」。

鴿派要做決斷，需要有人用力推他一把。所以如果你覺得自己的氣質像鴿派，就盡量多和一些鷹派相處，從他們身上學會做決斷。

鴿派天生適合給比較強勢的老大做副手，也適合從事服務性的工作，在大企業裡，他們往往不適合當業務去開疆拓土，更適合負責一些支持性的工作。儘管一些鷹派的醫生可能醫術更加高明，但作為病人和家屬，總是希望管病床的醫師和所有護理師都是鴿派。

此外，鴿派冷靜和保守的風格讓他們成為可以依賴的人，太空人和大型噴射機的駕駛員，通常都是從鴿派裡選出來的。

絕大多數心理諮商師都是鴿派，鷹派基本無法做心理諮商師。如果說鷹派從事心理諮商工作能做什麼貢獻，那應該就是在夜間情感節目中，一個觀眾打電話過來，鷹派主持人毫不客氣說：「為什麼困擾，因為你傻啊！」

不過，鴿派在修煉過程中可以注意以下這幾點：

一、可以霸道一點

你是鴿派不是受氣包，不要忍氣吞聲、讓人欺負到你頭上來。鴿子是一種勇敢的動物，離家千里都可以堅定回巢。一個人可以大多數時候都是一個被動的人，但關鍵時刻要能站得出來，敢於和黑暗勢力對抗。你的霸道有一個力量槽，在關鍵時刻會爆發出驚人的力道。

二、不要怕別人笑你軟弱

對比你弱小的人客氣有禮，不是害怕對手，而是怕自己變成自己討厭的人。許多鴿派在突然獲得權力或財富的時候，突然就轉成了鷹派，那他看人的方式不是鴿眼也不是鷹眼，而是標準的勢利眼。同樣地，在一群朋友面前呵斥一個犯了小錯的服務生一點也不光彩。

你不是軟弱，你的爪和甲，都在你強大包容的心胸之下。

三、交一些「生命值」更高的朋友

我喜歡用「生命值」這個游戲術語。你們一定遇到過這種朋友，他的人生節奏比你快，說話快、走路快、效率高，每天有忙不完的事。他們的生命值很長，鷹派中這樣的人比較多。跟這樣的人共事，可以學習他們身上的很多你比較欠缺的氣質。

四、練習公開演講和表演

鴿子不是鵪鶉，鴿子不應該是羞澀的。鴿子行事柔和，為人謙遜。鴿派可以多鍛鍊自己在公開場合演講甚至是歌唱的能力，和鷹派演講者慷慨激昂的風格相比，鴿派演講者更加謙遜、柔和，如果再加上一點自嘲，就會是非常出色的演講者。

電影《王者之聲》中，阿爾伯特王子就是典型的鴿派，成為國王的阿爾伯特最終在戰爭壓力之下走上了鼓舞臣民的演講臺。鴿派一旦掌握了演講的技巧，往往會成為控制人心的大師。行事方式的改變會對思維方式產生影響，如果你開始努力追求生活和做事的效率，就很容易逐漸從純鴿派轉向鷹派和鴿派的混合體。

我們只有更勇敢地認識自己，才能讓自己變得更好。

重點精華

- 友善是一種很好的品質，但是過分糾結於追求「我是個好人」，會讓自己陷入極度疲累中，這種折磨稱之為「人內損耗」。
- 鴿派天生適合給比較強勢的老大做副手，也適合從事服務性的工作，在大企業裡，比起當業務去開疆拓土，往往更適合負責一些支持性的工作。
- 大多數鴿派都害怕和別人撕破臉，並且希望能做個好人，這是一個非常折磨人的念頭。千萬不要在感情上當好人，不然會把所有的事都搞砸了。

強硬而守規矩的人

——鴿派的榜樣和摯友

不知道你有沒有見過這樣一種人：他好像什麼困難都應付得了，什麼磨難對他來說都不叫苦，不管遇到什麼狠角色的為難打壓，他都能不落下風地對抗。

這種人，有本事。同時，他又不去踐踏規則、傷害別人。這種人，守規矩。他和咄咄逼人的鷹派不一樣，他溫和，沒有侵略性，但是每根骨頭都好像鋼筋鐵骨一般。

這就是強硬而守規矩的人。下面就詳細講講，他們到底是怎樣的人？該怎麼和他們結盟為友，借用他們的力量？假如你和這種人起了衝突，應該如何應對？

長出骨頭的鴿派

鷹派優秀強大，光芒四射，他們對自己和別人都很嚴格，有時甚至有點咄咄逼人；鴿派行事溫和，注重合作和說服，而且堅定可靠，人緣很好。

我在前面講鴿派的一節中說過，鴿派最終的出路只有一個，那就是做「長出骨頭」的鴿派。強硬而守規矩的人，就是長出骨頭的鴿派，這種人自古就是傳統文化中的君子。

這不是我的判斷，而是孔子的判斷。孔子曾經說過：「剛、毅、木、訥，近仁。」剛毅木訥後來演變為一個成語，但是孔子說這番話的時候，它是四個不同的詞。剛就是堅強，毅是果斷，木是質樸，訥是言語謹慎。

這樣的人是什麼人？就是強硬而守規矩的人，就是長出骨頭的鴿派，是幾千年來華人心目中的理想人格。

有人跟我說：「熊老師，我是鴿派，我什麼時候才能成為那種長出骨頭的鴿派呢？」我總是會說：「別著急，你需要在事上磨練。」

除了事上長經驗，好好修煉自己的心性，還要和自己欣賞的人為伍。有些時候，你可以和人品不佳的人聯手，但一定不能和這樣的人做盟友或者朋友。而長出骨頭的鴿派就很適合做盟友，即使不當同事，你們以後也可以繼續做朋友。

如何跟強硬而守規矩的人結盟？

那麼，該怎樣跟強硬而守規矩的人結盟呢？

有句話我覺得特別好，叫做「有趣的靈魂會彼此吸引」。如果你們是相似的人，那從日常的處世當中，彼此一定能夠感受得到。

兩個人要互相吸引、接近，最重要的就是一個「誠」字。誠懇地跟對方交往，兩方就能夠親近起來。如果你抱著討好、諂媚對方的態度去設計對方，就會讓對方非常不安，反而不敢和你交往了。

兩個人能夠結盟，最重要的一點是確認對方沒有惡意，不會給自己帶來新的風險。

此處我以一個春秋年間的故事舉例。晉國有個大夫叫祁奚，也叫祁黃羊，他一直擔任中軍尉，戰時在國君的身邊作戰。

祁黃羊年紀大了，想要告老辭官，晉悼公問：「誰能接替你的職位啊？」他說：「解狐可以接替。」

晉悼公大吃一驚，問他：「這不是你的殺父仇人嗎？」

祁黃羊說：「您問的是誰來接替我合適，沒有問誰是我的敵人啊。」

晉悼公明白，祁黃羊是出於公心。但是，後來解狐死了。晉悼公又問祁黃羊：「誰能代替你啊？」

祁黃羊就推薦了自己的兒子。

孔子聽了之後評價說：「對外舉薦人不迴避自己的仇人，對內舉薦人不迴避自己的兒子，祁黃羊這個人，一片公心。」

內舉不避親這句話，就是從祁黃羊這裡來的。

祁黃羊舉薦的這個解狐，也做過類似的事情。他曾經推薦自己的仇人為官，這位仇人一聽說自己被解狐推薦，覺得解狐一定是想跟自己和解，就去解狐家登門拜訪。沒想到，解狐拿著弓箭出來說：「我舉薦你，是因為你是適合做官的人，我們的仇還沒有解決，你再不走，我就要拿箭射你了。」

祁黃羊和解狐，都有一種強硬而守規矩的特質。他們不願意跟仇人和解，但把公正評價仇人當作自己必須遵循的規則。他們都是長出骨頭的鴿派，這種人是可以互相欣賞的。

我講這兩位的故事，是想告訴你：只要你能夠在職場上展示自己的能力、公心，長出骨頭的鴿派一定會願意和你合作。因為他們認定集體利益、規則優先。即使你們未必是盟友，也往往會有脾氣相投的默契，這是做鴿派最大的福利。

如何借用骨頭鴿派的力量？

如果你不是鴿派，而是鷹派，在日常交流中比較具有侵略性，那你可能很難和這些強硬而守規矩的人成為盟友。但是，也不是一點辦法都沒有。

歷史上有一段鷹派和鴿派的佳話，那就是戰國時期藺相如和廉頗的友誼。藺相如是那種強硬得長出骨頭的鴿派，但是為了趙國的存續，他願意忍受廉頗的侮辱，去感化、說服對方跟自己合作。

這種合作有三個條件：長期磨合、一方主動和巨大的外部壓力。

先說長期磨合。兩方必須有很多的共同利益、業務合作，彼此都無法離開對方，才可能深入了解彼此，成為盟友。

再來看一方主動。雙方必須要有極大的耐心，但是鴿派一方可能要更主動一點，去達成和解。

最後就是巨大的外部壓力。比如趙國面對秦國的壓力，面臨生死存亡，這才是藺相如和廉頗合作的關鍵。

所以，如果你是一個鷹派，想要和長出骨頭的鴿派聯盟，不是用小恩小惠收買他們，而是用大局、用集體的利益來說服對方。你甚至可能需要改變一些行事方式，顯出你對規則、對對方的尊重，才能讓對方成為你的盟友。

和強硬而守規矩的人發生衝突怎麼辦？

前面我們說了很多強硬而守規矩的人的優點，但我還要提醒你：不是所有優秀的人都能彼此欣賞，也不是所有的好人都能和平共處。

由於利益點或立場不同，你也有可能和這種人發生衝突，這時該怎麼辦呢？跟強硬而守規矩的人發生衝突，一定要注意三個不要：不要盛氣凌人，不要用規則外的手段，不要搞個人攻擊。

先說不要盛氣凌人。在衝突中希望用氣勢占上風，不是高明的作法。長出骨頭的鴿派，說到底本色還是鴿派，他們對一切具有侵略性的說服都是抗拒的。

再看不要用規則外的手段。用收買、舞弊等行為贏得競爭或衝突的勝利，會讓強硬而守規矩的人徹底變成你的敵人。他們是聰明人，最惱怒的就是你拿他們當傻子。

最後說說不要個人攻擊。強硬而守規矩的人，是發育完全的強大鴿派，他們在很多時候，戰鬥力不亞於鷹派。針對這種人做個人攻擊，很難讓他們屈服，而且因為他們身邊有氣味相投的人，你可能會被一群人看作共同的敵人，或者至少是防備對象。

要解決跟他們的衝突，必須注意三點：充分耐心地講道理，讓解釋規則的人做工作，展示實際工作中的苦衷。

先說充分耐心地講道理。說服工作一定要做，對方是講理的人，那首先就要圍繞規則充分地辯論。

再來看讓解釋規則的人做工作。既然對方是重視規則的人，當你和他在規則方面無法達成一致時，那就請出能夠解釋規則的人。這個人可能是上級主管，也可能是你們體系內的專家，或者是某些行業內的權威規範，能達到避免繼續爭吵和化解衝突的作用。

最後是展示實際上工作的苦衷。這一招對強硬而守規矩的人特別好用，因為他們的本色其實還是鴿派，他們對人還是一種溫和友善的態度，也就是我們常說的「吃軟不吃硬」。如果你能夠用現實難度、辦事者的苦衷去說服對方，往往會有奇效。因為強硬的鴿子也還是鴿子，他悲天憫人的性格還在，這讓他有時候會法外施恩。這是他的弱點，對付他的時候，打在這個點上是最準不過的了。

最後，我還想強調一點：強硬而守規矩的人是一種非常優秀的人，但是世界上沒有完美無缺的人，優秀的人一定也有自己的弱點。正是因為有弱點，人才可能變得優秀。

如果你是一個鴿派，我勸你放心大膽地去結交那些強硬而守規矩的人，同時去模仿他們，這種人在職場上非常受上級信任。

重點精華

◆ 強硬而守規矩的人是長出骨頭的鴿子，這種人單純展示性格和能力，就能收穫盟友。

◆ 鷹派想要跟他們結盟可以主動一點；但更重要的是，你們要有共同利益，都面臨巨大的外部壓力。

◆ 如果跟他們發生衝突，可以講道理、做工作、談苦衷，不要嘗試去以聲量壓倒對方，因為他們不怕。

溫柔體諒的人
——鷹派的剎車和輔助

鷹派光芒四射也咄咄逼人，對自己苛刻，對別人嚴格。在職場生涯的初期，鷹派員工幾乎一路鬥一路一帆風順的同時，也暗暗埋下許多隱患。因為鷹派太會得罪人了，而且在很多時候，他們缺乏對別人細膩感情的體諒。

當鷹派開始管理一個小團隊時，他們往往會有這樣的感覺：

「我的下屬為什麼帶不動？」

「我的主管怎麼好像喪失了進取精神？」

「難道這世界上，真的就只有我一個想要建功立業的人嗎？」

如果讓鷹派的主管自己挑選團隊，他可能會挑選一支全是鷹派成員的團隊。遺憾的是，大多數主管在用人方面存在各種各樣的掣肘，有之前留下來的人，也有其他管道塞進來的人。假如處理不好這些複雜的關係，一些鷹派會變得消沉，希望到別的地方尋找機會，甚至走上一條不斷換工作、換行業的路。他們每到一個地方，都覺得那個環境裡的人不對勁，這麼來回跳上幾次，雄心萬丈的鷹派也就老了。

不過，也有一些鷹派能夠很好地解決問題。一些年輕時候咄咄逼人的鷹派，往往在有了更多的經驗、閱歷之後，體驗到採用柔和身段的妙處，變成帶著鴿派氣質的鷹派，而變得更加厲害。

這些鷹派是怎麼成長的呢？有一個簡單的方法，那就是把鴿派納入自己的陣營，讓他們來扮演一些角色。

一支全鷹派的隊伍，就像是一支只有前鋒的球隊，能夠把弱隊輕易打爆，但是很難應對最艱難的歲月。要成事，隊伍裡就要納入一些溫柔體諒的人。

那麼，溫柔體諒的人有怎樣的特點？鷹派主管該如何用好這樣的人？如果你想成為這樣的人，需要修煉哪些法則？下面就來詳細拆解一下。

溫柔體諒的人擁有強大的共情能力

最近幾年，共情被人們看作一種非常優秀的特質。什麼是共情？簡單來說，共情就是對其他個體感受的理解能力，也被稱作「同理心」。

共情能力如何，因人而異。有的人天生就特別敏感，特別在乎別人的感受，而且會主動承擔那個體諒別人的角色，時間一久，就會變成一個特別溫柔、特別會體諒別人的人。

也有些人共情能力比較差。有的是天生道德感差，也有的是因為疾病導致的社交障礙，他們雖然能正常工作、溝通，但很難讀懂別人的表情，也很難和別人共情。

這些共情能力弱的人，想要提升自己的共情能力是非常難的。但也有辦法：可以借助夥伴、朋友或助手的力量，去彌補自己共情能力弱的缺點。

想要理解所有人、體諒所有人非常難，但是相信一個可信的人，遇事多聽聽對方的建議，這是可以做到的。

這也有一個大前提，就是這個夥伴必須是你特別信賴的人。對一個鷹派來說，你必須明白，自己身邊那個溫柔體諒的人不是軟弱，而是有能理解別人、與人為善的能力。

溫柔體諒的人如何影響他人？

有人問我：「熊老師，人在職場上最有用的本事是什麼，是壓倒對手的氣勢嗎？」我想了想，還真的不是。

有些東西可能比氣勢重要，比如親切。親切的人有人緣，更容易被周圍的人喜歡。溫柔體諒的人，除了本身能夠解決現實中的麻煩，還會自然而然地影響身邊的人，讓對方向他靠攏。

有一些人能夠扮演說溫柔體諒話語的人，但是真正的溫柔體諒，存在於一個人的風度、氣質、表情中，這些是演不出來的。

職場上，當一個溫柔體諒的人出現在團隊中，就會吸引中立同事向他靠攏，逐漸就會出現一個禮貌得體的群體；一些習慣了粗魯環境的人，也會相應地被約束，被迫做出改變。溫柔體諒的人是用氣質、靈魂去影響身邊的人，這種影響是非常有力量的。

鷹派主管該如何用好溫柔體諒的人？

有些鷹派主管會對溫柔體諒的人心存疑慮，覺得他們人緣好，是有聲望的人，擔心他們可能會拉攏走身邊的人。

這絕對是多慮了。職場人都會追隨強者，親近溫柔體諒者。最好的辦法，就是把溫柔體諒的人拉進自己的體系裡，成為自己權力結構的一部分。如果去嫉妒、為難這種性格好的人，就會把他們推到自己的對立面去。

不過，在用這種人的時候，也要注意幾個要點：從信任開始，從諫如流，告訴他「你說得很好」，一些解釋工作可以交給他。

先說從信任開始。用人必須先信任，你要確認對方的忠誠，完全可以先向對方釋放善意，尤其當對方是善於體諒的人時。鷹派主管稍微一點善意的表達，都會讓對方覺得「已經很不容易了」。

再來說從諫如流。溫柔體諒的人在鷹派主管面前，一定是一個輔助角色。只要確定了這個大前提，那面對他們的勸諫就應該和氣相待，而不是勃然大怒或者疑神疑鬼。

接下來看看「你說得很好」策略。這句話是對溫柔體諒之人的鼓勵，也是鷹派人進步的階梯。其實這話也有玄機：你說得好，但不一定是你的主張對。在肯定對方的態度好、忠心勸誡自己之後，你再說出自己的想法，也能讓他們通盤理解你的打算。

最後說說溫柔體諒之人最擅長的事情——解釋工作。讓他們來溫柔地說服其他成員、解釋鷹派主管的良苦用心，這才是最重要的體諒。

所以，不要因為主管是個霸道的鷹派，自己是個溫柔的鴿派，就心生疑慮。所有溫柔體諒的鴿派，都是團隊中的寶藏，鷹派需要鴿派的輔佐。最終，出色的鴿派還可能會成為那個防止鷹派跑偏的「剎車片」。

如何修煉成溫柔體諒的人？

既然溫柔體諒的人有這麼多的好處，那怎樣才能修煉成溫柔體諒的人呢？我總結了十六個字：鴿派底子、最大善意、不求小利、絕對忠誠。

首先，你得有一個鴿派的底子。鷹派想要溫柔一點，這是可以改進的，但是要改成溫柔體諒之人，只怕非常難，也不用去勉強。

接著是最大善意。溫柔體諒之人一定不是陰謀論者，他們是願意把人往好的方面解讀、願意主動釋放善意、做事留有餘地的人。

如果你本身是一個鷹派，很容易攻擊那些不如自己的人，那就可以試試在有些地方少說話，別人也能感受到你的善意。

接下來說不求小利。要想成為溫柔體諒的人，一定不能錙銖必較且熱衷於和別人爭名奪利，這種人很難成為溫柔體諒的角色。前期吃點虧，後面是可以補回來的。

最後看對主管的忠誠。無論你如何與人為善，如何希望團結隊友，都要牢牢記住最重要的一件事：職場上最重要的關係，就是你和主管之間的關係。

不能因為照顧身邊的人而傷害主管的利益，質疑他的決定、和他唱反調。這樣行事，會讓你成為一個濫好人。也不能因為你為人溫柔敦厚，就去體諒主管的對手。如果擅自去理解對方、跟對方暗自聯繫，就踐踏了職場上最重要的美德——忠誠。

溫柔有底線、體諒有邊界，用職場規則框住自己，輔佐自己的主管，才能成為職場上最強大的鴿派，也是最明智的溫柔體諒之人。

另外，溫柔體諒之人不是只存在於職場上，還會存在於家庭關係、親密關係中。如果你是一個性格剛猛的厲害角色，那身邊有個溫柔體諒之人就會特別好。歷史上有一個典型的例子，那就是朱元璋和馬皇后的組合。

朱元璋是一個非常有能力的人，而且對治理天下特別勤勉，但是性格比較殘暴。一直在拉著他的不是別人，正是他的妻子馬皇后。馬皇后屢屢勸他少殺人、少株連，救了不少人的性命。可以說，大明朝國祚綿延了將近三百年，成為一個歷史上重要的大一統王朝，也有馬皇后的一份功勞。

重點精華

◆溫柔和體諒的本質是共情，這是一種氣質，比語言的力量更大。

◆鷹派主管如果想有更大的成就，就要重用溫柔體諒的人，單一鷹派組成的團隊很難應付一些艱難的局面。

◆鴿派底子、最大善意、不求小利、絕對忠誠，才能修煉成溫柔體諒的人。

職場中的「交際花」

——社恐人不妨交一個這種朋友

你在職場或熟人圈中，可能遇到過這樣的一種人：自來熟，無論再怎麼高冷的人，只要他出馬，輕輕鬆鬆就能跟對方熱絡起來。他誰都認識，誰都熟，好像什麼事兒都能辦。

這幾年有人管這種人叫「社牛」，也就是社交達人。不過對這類人，更常見的是一種帶有諷刺意味的說法——「交際花」。

如果你是個害羞或者內向的人，在這種人面前可能會有點不太舒服。一方面你覺得這個人確實有過人之處，讓你去變成他，你做不到；另一方面你又隱隱對這個人有點不太喜歡，因為他會讓你不太自在。

曾經有人跟我說：「熊老師，我討厭這種交際花，人還是應該做好自己的事情，苦練基本功，我覺得他們太鑽營、太會投機取巧了。」

真的是這樣嗎？下面我就來分析一下這種人，看看交際花的本質是什麼，你又該怎麼和他們相處，甚至是借用他們的力量。

三種處理人脈的方式

在職場上或者社交圈裡，人際關係通常有三種生態系：引領者、對接者和召集者。

引領者是在一個領域或部門裡已經功成名就的人，做事一呼百應。這些人業務能力強，不會為社交苦惱，大家會貼上來做他們的朋友。

對接者則是能在各行各業中安排自己關係網絡的人。他們平時不招搖，也不常約聚，但是朋友知道他關係多，在他那裡可以交換資源。對接者往往會暗暗地觀察各種動向，幫助身邊的人，所以他們的朋友也很多。

再看召集者，他們往往是性格外向的人，喜歡社交，熱衷於高調地召集飯局、聚會，身邊人來人往、非常熱鬧。交際花其實就是人際關係中的召集者，我們來著重說說這一種。

當然了，這三種角色並不是一成不變的。比如過去是對接者的年輕小夥子，可能過了十年功成名就，就成了一個出色的引領者。有的人在上層圈子裡是一個跑前跑後的召集者，但是可能在面對年輕的朋友時，就會扮演一個引領者的角色。

和引領者、對接者相比，召集者的社交技巧非常重要。一個好的召集者，不會讓人覺得不快或者被冒犯，他會把每個細節都安排好。

有些人會覺得，召集者好像特別諂媚，但這是因為他們的角色就是為大家服務的，他們主持聚會或社交群組，就必須照顧好裡面的每一位成員。

召集者的優點和缺點

召集者有著極強的社交能力，這是他們最大的優勢。他們幾乎不會因為社交感到恐懼或者有壓力，而且幾乎是樂在其中。

他們特別會察言觀色，能用最快的速度判斷出一群陌生人當中誰實際執掌權力，應該找誰來聊正事。

甚至，他們還非常在乎細節，主管喝了酒，一起身他立刻就會跟上；主管愛吃什麼，他一定會讓轉盤上的那道菜停在合適的位置，讓主管動筷子；主管的小孩過生日，他早就把禮物準備好了。

他們做這些事情的時候，並沒有「我在拍馬屁」之類的負擔，因為他就是要照顧所有人的那個人。這種特質使得他們在工作或生活中辦事非常容易。

召集者的朋友多不多，這不一定，但是他們的熟人一定是最多的。辦點舉手之勞的小事，召集者特別有優勢。

你可能會說，召集者既然這麼強，那最後剩下的人生贏家，不應該全是召集者了嗎？別著急，召集者也有自己的短處。

社交這件事，需要投入很多的時間精力成本。你可以看看自己的手機、LINE聊天記錄，數數經常聯繫的人有多少。一個人能夠經常維護的朋友關係，大約就是三十個。

如果你是一個引領者，大可以在需要用到對方的時候才聯繫他們，因為你有實力，別人就會買帳。如果你是一個對接者，可能有一堆欠了你人情的人，這些人心裡會記著，在你需要他們幫助的時候，一定也會出力。引領者就像是有地的財主，對接者就像是有存款的大戶。只有召集者，是一個背著許多現金在街頭跑動的人。

管理維護大批的熟人，需要付出大量的時間精力，召集者就算再怎麼樂在其中，他一天也只有二十四小時。在熟人身上投入太多精力，用來學習進步、完善工作的時間就少了。一年、兩年問題不大，五年、十年之後，就容易和別人拉開差距。你可能會說，交朋友也是一種修行、一種進步啊。沒錯，這個看法非常對，但是一群長期沉迷於打牌、唱歌、喝酒的人，互相之間可學習的東西就不多了。

大多數的召集者本身起點比較低，熱衷於交朋友，其實是因為缺少那種可以支撐自己的關係，才會希望在人群中獲得支持。

可以和召集者交朋友

如果你是一個比較害羞，甚至有點社恐的人，建議不妨交一個召集者朋友。你可能會說，他那麼多朋友，還缺朋友嗎？我可不想往裡湊。

這是不對的。召集者雖然擅長運用社交技巧，但他的真朋友很少。他本身長期處於一個服務別人的位置上，也缺乏平等的朋友關係。

當然了，召集者的素質良莠不齊，許多召集者都喜歡誇大自己的力量，用通俗一點的話說就是愛吹牛，對這種人要謹慎一些。

要想和召集者做朋友，最好的辦法就是從過往熟悉的關係中挑選合適的人。比如自己的老同學、前同事，你對對方了解得愈多，你和他結交的時候就愈安全。

召集者能給不擅長社交的人帶來新的社會關係，而且這些關係往往是他精心挑選過的。他不會選一大堆沒有利用價值的朋友組一個丐幫，他選中的往往都是聰明、有實力、有價值的人。

從這個意義上說，每個召集者都是一個小型的社交平台。他搭臺，熟人們唱戲。如果你總是希望超越召集者，讓自己的社交能力比他強，一定會非常苦惱，因為贏不了。但是如果你把他當作龍門客棧的掌櫃，在他的客棧裡坐下來談點生意、見幾個朋友，便會發現窗外的景色美極了。

另外，我還要提醒你一下，在跟召集者以及他的熟人交往過程中，盡量避免金錢往來，這件事有風險，因為召集者並沒有時間精力去確認每個熟人的底細。

如何用好召集者的力量？

如果你的下屬裡有一個召集者，就可以利用他去擴展公司的業務，鼓勵他把朋友資源拿出來用在工作上。

但是你心裡也要明白，召集者真正的實力，恐怕不如那種一刀一槍、一件件事情辦下來的業務主力。

這不是我的偏見，召集者是一種自古就有的角色。戰國時期，趙國的平原君趙勝就是一個典型的召集者。這個人養了許多門客，在六國之間交朋友，看上去熱熱鬧鬧，但是軍、政兩道，他並不擅長。

真正能夠守住趙國、抵禦強秦的，是藺相如、廉頗這樣的厲害角色。

當時，韓國的上黨郡被秦國圍攻，守將馮亭不願意把土地交給秦國，就找到趙國，希望趙國能夠接管上黨，對付秦國。馮亭的計劃其實是讓秦國和趙國開戰，驅虎吞狼，韓國就能有喘息的機會。

趙王問平原君：「送我們土地，十七座城呢，我們怎麼辦？」

平原君一手拿主意：「要啊，白來的，為什麼不要？」

司馬遷就曾評價平原君，說他利令智昏，意思是說他因為貪圖利益而使頭腦發昏。

沒想到，趙王真的信了平原君的話。

如果真的要對付秦國，應該是聯合各國援軍，一起救援韓國上黨，而不是為了吞掉上黨，自己去對付秦國。

平原君的錯誤建議是悲劇的開始，到後來藺相如病危，趙王換掉廉頗、任用紙上談兵的趙括，導致最終趙國四十萬士兵被殺害。雖然平原君帶著門客去各國求救，最終救了趙國，但他的功勞也無法抵消錯誤。

所以，你要知道召集者擅長什麼，用好他的所長；至於真正有關核心業務的大事，還是要和團隊裡堅韌低調、經驗最豐富的人商量。

要做這樣的決策並不容易，因為召集者往往是能言善辯的人，總會講出各式各樣的理由來說服你。要抵擋他們的說服，頭腦需要足夠清醒。

當然還有一個辦法能良好地對抗召集者的影響：給他安排一些足夠辛苦、足夠沉澱的苦差事。這不是欺負或者折磨他們，這對召集者下屬的成長其實是有幫助的。他們熱衷於仰望星空，那你就可以幫他們腳踏實地。

注意，只有在你是召集者的上司，對方對你信服、忠誠的情況下才可以這麼做。如果你和召集者只是普通同事的話，一定不要去提建議讓對方「進化」。沒有人喜歡這種送上門來的逆耳忠言，也沒有人喜歡這種不要錢的教育。

重點精華

- 有三種成功的人際關係生態系，引領者、對接者和召集者，「交際花」就是召集者。
- 召集者有一個非常好的社交平台，和召集者做朋友要謹慎，注意金錢往來。
- 如果你是主管，下屬中有個召集者，可以借用他的社交能力，但是核心業務最好和更有經驗的業務中堅商量。

真佛系的人

——你的朋友裡一定要有個單純的人

你在職場或生活中可能遇到過這樣的人：他永遠都不著急，對他而言，生活似乎永遠慢了半拍。跟他合作，雖然他也能在截止日期之前完成任務，但你一直都得提心吊膽。這種人看起來沒有名利感，也沒有對權力、財富的渴望。

面對這種人，剛開始你可能有點無奈，甚至有點生氣。後來你才發現，他們是真的佛系，欲望很低，對奢侈品、豪車、豪宅，一概沒有興趣。

他們可能會沉浸在自己的興趣愛好中，也可能處於一個低欲望的世界裡，他的這種純真就像個孩子，沒有什麼壞心思。

這種人的本質，就是道道地地的心思單純的人。

有人覺得，這種人是職場上的廢物，你就算把他提拔到一個管理職位上，他也是爛泥扶不上牆，未來絕對不會掌權發達，結交這樣的朋友沒用；但也有人認為，這種人內心純良，不會害你，值得交往。

這種佛系的人是怎麼形成的？職場上遇到佛系的人應該怎麼辨？到底能不能和佛系的人交朋友？下面我就來詳細拆解一下。

怎樣才是真佛系的人？

「佛系」原本是個網路用語，主要描述的是看淡名利、追求內心平和的生活狀態。後來它的含義變得複雜起來，有人把不愛搭理異性、不談戀愛看作佛系，也有人認為不愛錢、不上進就是佛系，這些都是不對的。

真正的佛系，是一個人性格中的那份單純，不追逐物欲，本質上是不願意去麻煩別人、傷害別人、跟別人競爭。而且，佛系的人也不善於取悅自己。

因為這些原因，有些熱衷名利的人尤其看不起他們。退出競爭的人，難道還能興風作浪嗎？這麼想的人，後來都吃到了苦頭。因為對待佛系人的態度，其實就是職場健康程度的晴雨表和風向標。為什麼這麼說呢？接下來，我就說說這個中的道理。

如何對待佛系的同事？

要想正確反映指標，我們就需要找到真佛系的人。在職場上，佛系和沒能力是兩個完全不同的概念。

佛系同事大多心明眼亮，非常聰明，他們在職場上不顯山不露水，不是因為能力不足，而是覺得亮出自己的實力沒有意義，他們並不熱衷於建功立業。

佛系同事覺得一切競爭、搶奪，都是不值得的。這種觀點的形成，有些是因為童年所受教育，但是更多的人天生如此。他們的性格就是避免競爭、迴避衝突，不願意取悅自己，也不願意討好別人。

但是，如果一個公司裡，其他人對佛系人的態度是頤指氣使、欺凌折磨，一定會導致團隊內部的矛盾加劇。

所以，對待佛系同事要注意：尊重、不傷害和保護、團結。

對待佛系同事最重要的兩個字就是「尊重」：尊重他們的生活方式，不去苛責他們，也不要讓他們去爭名奪利，因為你幾乎沒有辦法改造他們。

佛系同事不願意和別人起衝突，他們可能是在主管分配利益時傾向於做出犧牲的那個人。但主管如何安排是主管的事，一個合格的職場人，一定不要主動去傷害佛系同事，傷害他們會極大降低自己的職場風評。

我前面也曾提到過職場風評，有人問我：「熊老師，風評這種東西，對不擇手段的人來說真的重要嗎？」

非常重要。如果你只是想要獲得眼前的一次評優、一次晉升，你可以無視風評，隨便去得罪人、傷害人。但是如果想走得更遠，想要成為一個執掌團隊的人，那風評就尤其重要。傷害佛系同事，就是最容易降低風評的一種行為。

那些保持中立的同事，大部分可能敢怒不敢言，但是會對你心懷怨恨，日後你想要升職的時候，這些人就會在關鍵時刻絆你一腳。還有一小部分中立同事，當下就會跟你反目。

除了不傷害佛系同事的利益，還要主動保護他們。如果你想要對抗一個難搞的對手，那他欺凌佛系同事，就是一個很好的契機。透過幫一個人伸張正義、維護利益，就可能獲得許多中立同事的支持。

如何對待佛系下屬？

如果你是一位主管，有一個佛系下屬，且沒有辦法用利益驅動他，那這個人還能留在團隊中跟你一起戰鬥嗎？

不要著急。如果你的團隊足夠大，佛系下屬是有大用處的。他們可以是某些職位的最佳人選；他們可以成為你的利益分配「信用卡」；他們也能遏制住團隊內部的野心家；他們還可以成為你的基礎班底。

首先，佛系下屬是某些職位的最佳人選。有一些職位，非常適合安置佛系下屬，比如一些看上去沒有那麼熱鬧的職位；再比如一些沒有那麼吸引人的內勤，或是不太需要創造力的工作，這些職位最適合佛系下屬。

其次，佛系下屬是你的利益分配「信用卡」。

這是什麼意思呢？一個專案完成，一個年度結束，所有的人都會跟你要好處，你很難擺平。考績優等的機會就一個，那就一定會有人先上，有些人要安排在下一次，一定會有這種擺不平的情況。

這個時候，和佛系下屬好好商量，他們是那種願意讓步、幫你一把的人。就像信用卡一樣，佛系下屬可以給你一個信貸額度，他們願意晚一點滿足。

接著說佛系下屬能夠遏制住團隊內部的野心家。一個團隊裡，有些人是很有野心的。這些人喜歡煽動周圍的人來達到自己的目的，有些年輕同事、年輕下屬，很容易一點就著。這個時候，佛系下屬的存在，就能調和一下這種氛圍，讓整個隊伍變得沒那麼容易被點著。

最後，佛系下屬可以成為你的基礎班底。如果你被提升為一個更高層的管理者，之前帶的團隊應該交給誰？

這是一個複雜的話題。如果你之前有一直在栽培的接班人，讓他順利接替就可以了。但是，如果沒有這樣合適的人選，偏偏那個部門是一個關鍵部門，你需要自己直接控制，那應該讓誰來管呢？

答案就是佛系下屬。這個時候，聽話的、沒有野心的人，是更適合的人選。

佛系下屬有這麼多的好處，那有沒有什麼需要注意的呢？當然有，你一定要公正地對待佛系下屬。

刷了佛系下屬的「卡」，讓他們暫時損失自己的利益，就得要及時「還錢」、及時補償。因為他們只是不爭，卻也不蠢，他們知道誰對自己好，誰對自己不好。

如果公正地給予他們應得的利益，你就會是一個公正的主管。我前面也提到過，主管公正，是智勇雙全的表現。

下屬會擁戴公正的主管，上級也不會隨便欺負這種被下屬擁戴的人。如果你尊重、保護佛系下屬的利益，凡事都予們以公正對待，那所有認真工作的下屬都會看在眼裡，記在心裡。這就是為什麼我說，對佛系者的態度，是職場健康狀況的指標。

職場上可以和佛系的人交朋友嗎？

說了佛系的人這麼多的好處，你可能會說，明白了，我這就去和佛系同事做朋友。

我得趕緊攔住你，別急。佛系的人確實可以是特別好的朋友，但是別忘了，還有一條更優先的真理：不要在職場上交朋友。

把佛系同事當朋友傾訴也會有洩密風險。佛系同事也許對你沒有壞心眼，但職場上，每個人都不只是自己，身後都是一股勢力。

主管可能會利用佛系同事的單純來打聽很多內部動向。你要是跟佛系同事傾訴許多自己家裡的事情、內心深處的真實想法，多少還是有些風險的。

佛系同事也許主觀上沒有出賣你的意思，但要讓他們對主管撒謊、讓他們保護你、替你掩飾，都很困難。

你可能會說，大家看起來都和這個人關係不錯，我去打聽打聽其他人的消息，應該是個好主意吧。千萬別這麼想。在很多時候，你在打聽誰的消息，本身就是一條非常重要的消息。此外，如果佛系同事真的會跟你洩漏別人家的事，這個人還是真的佛系嗎？還是真的朋友嗎？

佛系同事是挺好的逛街夥伴、飯友，生活上互相關心一下是沒問題的。你的生活中也要有一個佛系朋友，但是最好不要在職場上跟人過於交心，等你們不在同一個公司再深入來往會更好。

重點精華

- 佛系同事最重要的特點是低競爭欲望和弱侵略性。
- 對佛系同事的態度是職場健康狀況晴雨表，尊重並保護他們，能提升自己的職場風評。
- 給佛系下屬安排合適的職位，好好用他們能夠事半功倍。
- 別在職場上交朋友，哪怕對方是佛系同事也不行。

願意付出的人
——提供價值才是成長的終極目標

我之所以把「願意付出」的人放在最後一節，因為這是許多人容易忽視的一個偉大目標，多少人就是由於不把這四個字當回事，才最終淪為權力和金錢的奴隸。

願意為別人付出，不是口號，而是對自己的一種要求。

如果只是把這幾個字當成大道理或者一句口號來看待，你在職場上就會陷入什麼都不信的狀態。沒有理想，就難以定位目標，必然會陷入迷茫。如果把為別人付出當作一個行事原則，那你就會發現自己心明眼亮，有了前進的方向。

用更現代一點的表達方式，為別人付出其實就是「為他人提供價值」。只有為別人提供價值，才能實現自己的價值。我們在職場上提高自己的工作能力、改善自己的社交方式，對公司而言，就是為組織提供更多更好的價值。所以，為別人付出的人，本質上其實就是價值提供者。那麼，價值提供者應該堅守哪些原則？如何成為一個優秀的價值提供者？下面我就來講解一下。

價值提供者的翻身之路

職場人大多都是從沒有資源、沒有人脈開始的，在職場的頭幾年，我們用勞動、時間、精力去交換薪酬、經驗和各種提升的機會，我們就是作為價值提供者存在的。

等到幾年之後，你能提供的價值超過了你創造的價值，這個時候，職場倦怠就會出現了：有時工作是自己做的，功勞卻被主管拿去、同事搶走了；談起工作時，只能頻頻嘆氣，說一句「沒動力」。

這時你的角色就需要改變，你和公司或團隊的關係可能要重建。這種重建可能會在組織內部完成，這就是升職加薪；也可能會在組織之外完成，這就是跳槽。總之，要麼升職加薪考績優等，要麼出去尋找機會，交換自己才能恢復內心平衡。

如果你成功和公司重建了價值關係，那可能就會表現出一種不同的面貌：過去你的角色更像是單純的價值提供者，現在則有了更高的議價能力，有的人可能開始帶小團隊，有些人可能到了資深業務中堅、高級顧問、專家之類的等級。無論如何，你都不再只是一個價值提供者，而是一個職場進階玩家了。

有的人可能會想：「我現在是個老鳥了，再也不要像新入行的時候一樣，受人欺負，拚命工作了，我不想拚就不拚，看誰還敢說什麼。」

這樣想的人不在少數，覺得自己沒有經驗時扮演價值提供者，什麼事都做；年紀長了、資歷深了，就可以挑事情做，甚至可以躺平混日子了。真的是這樣嗎？

價值提供者是一種終身角色

這麼想的人，往往是把價值提供者的角色看成是一種職場上的未成年形態，這是不對的。一個人資歷深了、職級高了，他和公司、主管之間的博弈會更高級。不再是過去「命令——執行」的模式，而是成為「命令——探討——執行」的模式，這是沒問題的。

但是，「探討」這個環節的出現，不是讓你推託、讓你躺平的。恰恰相反，資深職場人有「探討、爭議」的權限，是因為一個公司或團體，需要成員有自由做主的權限，才能更好地完成任務。

你可以觀察一下身邊那些能力強、被人佩服的主管，他們能夠和層級更高的上司爭論、衝突，不是為了逞威風或不做事。衝突的特權，是為了讓他們把事情做得更好，讓他們更有效地為公司提供價值。

所以，如果你只是想成為一個可以對抗別人的職場玩家，志向未免太小了。在職場上要想走得更遠，完全躺平或者變得不好惹，都不是什麼好主意。反之，在自己的職階高了、資歷深了之後，仍然像剛入行時一樣，琢磨如何更好地為這個團隊或公司提供價值，才能夠擺脫停滯，繼續前行。

價值提供者是一種終身角色，抱持這種心態的人才能在職場上持續進步。我們經常會說一個人不忘初心，其實說的就是他一直都堅持做一個價值提供者。

價值提供者和職場鬥爭不矛盾

你可能會說，熊老師，我做一個價值提供者，是不是就不能和別人在職場上有衝突了？畢竟為別人服務，「任勞任怨」是特別重要的，如果我因為願意工作、熱愛團體，就變得必須忍氣吞聲、被人欺負，這不是太虧了嗎？

這種看法非常有代表性，不少人都有類似的誤解，但這種想法是不對的。

價值提供者不是討好者。價值提供者的心裡裝著公司、集體，如果是在組織或者公家機關，可能還要把大眾利益和國家利益放在第一位。但這並不意味著你就不能和同事有衝突，也不是要你喪失自我，你仍然可以主張自己的利益，兩者並不矛盾。

舉個例子，東漢末年，曹操手下有兩位將軍，兩人的關係非常緊張。一個是性格沉穩的李典，出身豪強家族，追隨曹操多年，讀過書，用兵謹慎；一個是豪邁勇猛的張遼，出身貧寒，他是邊地的勇士，打仗果斷堅決，但在李典眼裡難免有點輕率。

孫權進攻合肥的時候，曹操安排張遼做主將，李典做他的副將，兩人放下多年的積怨一起共事。但是打完仗之後，兩個人並沒有做朋友。合不來就是合不來，把事情做成，給老闆、給公司提供價值就可以了，幹嘛非要你好我好，一團和氣？

這就是成熟職場人的社交態度。因為公心、集體的利益，和同事發生爭論，非常正常。大多數因為如何把事情做好而起的爭論，都是正常的批評建議，不是挑起爭端。

大家都想把事情做好，爭議的是如何把事情做好，為此我們可能會說一些氣話，起一些衝突，只要不去誣衊中傷對手、傷害集體利益、違背法律法規，職場爭論甚至是可控的鬥爭，都是可以接受的。

如果理解了這一點，那你作為一個價值提供者，就不會在衝突中變得軟弱，反而會變得更加強大。如果你認識到雙方衝突是為公司、為集體、為眾人提供更有價值的服務，你也會變得更有底氣、更加勇敢。

如何成為一個優秀的價值提供者？

那麼，怎樣才能成為優秀的價值提供者呢？我提供三個建議：主動、持久和顧全大局。

●建議一：主動

先說主動。有時我看見一些年輕人，把工作看成簡單的「剝削、壓榨」，認為黑心老闆就是想讓自己多做事，會對努力工作者冷嘲熱諷。這種人看似聰明，其實是最糟糕的人。

公司或者整個部門，相對於個人來說，是龐然大物，所以轉身慢、掉頭慢。作為更靈活的個人，只有更主動、更努力，才能推動它前進或轉身。

自己躺平了，等著這些龐然大物改變、進步之後來帶動你，那會來不及的。忙事業確實什麼時候都不晚，但是效率最高、體力最好的，就是年輕時候的那幾年。

●建議二：持久

接下來說持久。成為價值提供者是一個長期策略，如果你總是間歇性地發憤努力，只會被大家當成一個高度情緒化的人。

價值提供者是你在職場上的人設，也是你修煉自己、讓自己進步的目標，如果三天打魚兩天晒網，是沒辦法給組織提供價值的。價值提供者就像持續發電的發電站一樣，穩定輸出是個體對公司最大的價值。

●建議三：顧全大局

接下來說顧全大局。價值提供者不僅為公司提供價值，也會為身邊的人提供價值。你要考慮自己的每個動作，對主管、盟友、中立同事是不是有正面意義，這些利益如果出現了衝突，或者完全相反，你又該如何與大家相處？這就需要分清主次，明白什麼事往前挪、什麼事往後挪，有的時候可能必須得罪一些人，才能實踐自己的信念。

要為大家提供價值，這是一個絕對的真理。

重點精華

- 職場新手都是價值提供者，變成資深職場人士之後，議價能力才會提升。
- 如果你能夠在變強後仍然堅持做個價值提供者，會有更遠大的前途；價值提供者是一個終身角色。
- 好的價值提供者一樣可以在職場上與別人有競爭衝突。
- 要成為好的價值提供者，你需要主動、持久和顧全大局。

特別收錄

職場人際應對
Q&A

本章特別收錄 19 則職場常見情境，

教你身處當下時該如何應對、高效提升職場生存力！

Q1

下屬不好帶想放棄，又擔心被質疑帶人能力？

關鍵詞：團隊管理技巧

A 熊老師的錦囊妙計

這個問題可以拆解成兩種情況：一是下屬能力不足，我要不要放棄他；二是我向上級做過保證，現在不好意思承認自己做不到，怎麼辦？

從古到今，上下級關係只有兩種，那就是「封建制」和「郡縣制」。

什麼是封建制？

「封建制」之下，你只對自己的直屬主管負責，直屬主管決定你的聘用、解聘、待遇，你對大主管只需要禮貌上的尊重，並沒有直接的服從關係。今天的各種企業、專案組、演藝工作室、飯店等等，仍然有這種特色，一個部門或者專案負責人離職了，就可能會帶走一個團隊。

什麼是郡縣制？

「郡縣制」是指你的主管是公司委派到那個職位上的，他在那個位置，你就聽他的；他走了，你就聽下一個人的。你的薪資待遇合約是跟公司簽署的，跟主管個人沒有太多關係。

就像宋朝之後，州官要造反，縣官絕對不會跟著他起鬨。因為大家雖然工作上是管轄指導關係，但每個人的權力都是朝廷給的。

不要成為下屬的教育者

今天大多數部門都是「郡縣制」的。上下級之間沒有人身依附關係，你管一個人，是因為公司認為你的管理會給公司帶來效率和效益，而不是公司把這個人交給你，讓你把他「養大成人」。

這是很多基層管理者常見的認知盲點，他們不是以一個管理者的身分來對待下屬，而是以「教育者」的身分去「栽培」對方。把自己累得要死不說，把下屬看作自己的財富或者附庸，既是對下屬的不放心和不尊重，也是不正常的控制欲在作祟。

這種「我是教育者」的心態，會讓你對下屬負起不該負的責任，你會分擔他的工作、他的過錯，你會試著「拖著他前進」，你把不能勝任工作的人留在了公司，這也是對公司的不負責。我們經常說「職場是個好學校」，這是從收獲而言；如果管理者也把職場當學校，非要去照顧後進生、放牛班，只會讓部門甚至公司陷入低效，最終可能造成整個部門崩潰。

迅速評估，並設立明確止損指標

所以，在職場上，當發現下屬能力不足的時候，應該迅速評估：是因為能力問題，還是態度問題？如果是態度問題，那就果斷放棄他。能力不足能否在短期內改善？不能的話那就放棄。還要設置一個止損時間點，達到止損點時沒有達標，還是要放棄。

一旦發現下屬不能勝任工作，應該儘快找他談話，把話說明白、說清楚。很多年輕人，尤其是剛工作的年輕人，無法聽懂職場上委婉的話術，你最好用最直接的話跟他說：「我覺得和公司的要求有差距。」（注意，是公司的要求，不是你個人的期待）、「我跟上級爭取，你有三個月的時間證明自己。」（明確時間點，要考慮合約的試用期或者續約時間）、「我希望三個月之後，你能夠達到某績效指標。如果達不到，我希望你能夠去選擇更適合的公司和工作。」這個指標愈具體愈好，是銷售額，或者是流量要求，再或者是獨立完成一個專案，你說得愈明白，未來的怨恨也會愈少。

這不是放棄，更不是拋棄，你是在對公司、對老闆、對股東負責。這叫做「吐故納新」，是管理者必須做的一件事。當然，談辭退的時候，不能侮辱人、挖苦人，客客氣氣、合情合法地結束這段僱傭關係，對公司、對方和你個人都好。

不要為了維護錯誤看法而付出慘痛代價

在職場中最重要的人際關係，就是你和你直屬主管的關係。接下來我們再談談決定承認下屬不行的時候，應該如何應對你的上級。

你的上級未必是越級指揮，他更可能是提醒你躲開沒有必要的雷。「郡縣制」的公司裡，你的上級對你的下屬有觀察、監督的責任，上級對你的下屬提出意見或者批評，你要正視這種意見或批評，認真分析上級這麼說的理由。如果你這樣認為，「他居然越過我去批評我的人」、「他難道是不信任我的眼光嗎？」，那你們的關係就容易出現裂痕。

人是非常複雜的動物，以「識人」為驕傲，很容易遇到「看走眼」的情況。當我們還沒有看透一個人的時候，很容易對其產生誤判。當你對一個人有了深入了解，修正了之前的看法，對這個人的評價有了變化，這是很常見的現象，沒有人會覺得看法改變的人是傻瓜，不要為了維護錯誤看法而付出慘痛的代價。

你辭退一個曾經看好的下屬，不會讓你在上級面前沒面子。相反地，你的上級只會覺得你是一個靈活的人，而他的建議被你採納了。如果你繼續嘴硬下去，繼續維護一個不能勝任工作的人，等到別人把你和下屬的各種失誤傳到上級耳朵裡，那才會有真正的麻煩。

你可以用最直率的方式來應對上級：承認自己的誤判，彙報決定，稱讚上級的高明。「長官，還是您說得對。」或「我覺得某某的能力可能確實不能勝任這份工作，我希望儘快和他解約，請人資部幫我招聘這個職位的新員工，我的理由是……」抑或「還是您看得準，您當時是怎麼看出來他不行的呢？」

這不是拍馬屁，上級說這個人不行的理由，可能就是他的職場看人心得，這都是不傳祕法，這種交流，反而會拉近你們之間的關係。

下屬做得好，放手提拔、獎賞；下屬做得不好，該辭退就應該辭退。工作已經這麼辛苦了，為什麼不和更強、更合適的人共事呢？

Q2

不喜歡現在的工作，又害怕換的工作不如現在……

關鍵詞：職業規劃選擇

A

熊老師的錦囊妙計

一個決心離職的人會積極主動地總結這份工作的各種缺點，來堅定自己離開的信念。通常說出這些話的人，就知道他已經下定決心，而且會在半年之內離開：

「我的主管是個××。」

「我覺得自己沒有晉升空間了。」

「我覺得這個行業在走下坡。」

「我收入太低。」

「這個公司勾心鬥角，人際關係太複雜。」

只是含混地說「不喜歡」，很難說出「為什麼」的人，他們的問題大多可以解決掉，並沒有到非換工作不可的地步。這類人往往是最近工作中遇到一些不順心的事情，或是一個專案沒有做好，也可能是遇到了不友善的同事，想加薪不好意思提，或者僅僅是因為太累了。

你說「不喜歡」自己的工作，我建議你可以先休個年假，出去走走。如果有多餘的時間，可以參加一些培訓，學點東西。也可以找幾個業界的朋友聊一聊、吃吃飯，聽聽別人的不爽和為難，把自己的平衡找回來。

如果休假、培訓、聊天都試過了，還是感覺不喜歡，那就好好總結一下為什麼不喜歡，那時候你也就有換工作的覺悟了。

考量清楚換工作的不確定性與可能風險

換工作不僅有「不確定性」，也是一件高風險的事情：你要適應新的工作職務、不同的做事風格、不同的主管、不同的同事、不同的下屬；如果你是一個空降過去的主管，還可能受到部門實力派的阻擊和算計。

你也許還要適應不同的辦公系統和設備，可能要被迫搬家到新公司附近。可能你的薪水有上漲，但在形勢不好的時候很有可能會跟之前的薪水持平或者微降。很快也會有新的績效重重壓在身上。如果換的是不同行業的工作，那就要邊學邊做，是一個特別痛苦的過程。

換工作之前要做好充分的準備，才可能規避掉風險，想清楚了再跳槽，這就是謀而後動。換工作之前，打聽清楚你要去的公司的狀況：這是一家上坡進步的公司，還是如日中天的大平台，或是正在衰落但品牌不錯、仍然值得一去的公司。

換工作之前，想清楚你圖這份工作什麼。想想你能從這家公司得到什麼，是更豐厚的收入，是一個帶團隊的機會，還是你的履歷上需要這個大公司的經歷，又或是你要換到一個新行業，需要去這家公司學經驗。

換工作之前，想清楚你是否能抵抗風險。去新公司最糟糕的情況就是「沒通過試用期」。在試用期被解僱，能拿到的資遣費並不多。所以你手上的現金，一定要能夠保證自己可以支付六個月的房租和三個月的基本生活費。你最好有一個備選工作，對方一直希望你去上班，幾個月內這個邀約都仍然有效。

換工作之前，最好讓你的配偶有心理準備。工作上的變化會讓你壓力倍增，這個時候有家人的支持和理解（包括金錢上的支持），會讓你充滿勇氣。反之，新工作快談定了才跟對方說，會讓對方覺得自己的意見毫不重要。

最後，盡量克制自己的衝動，避免裸辭（沒有準備後路就辭職）。

Q3

工作十二年了，始終沒找到終身熱愛的事業，怎麼辦？

關鍵詞：職業規劃選擇

A 熊老師的錦囊妙計

首先我們需要明白一點：大多數人都做不到以自己最喜歡的事情為業。喜歡的快樂＋勝利的快樂＝從這個職業中收獲的快樂。

比如我有位朋友是初中老師，他站在講臺上，看見孩子們的笑臉，就特別開心、特別幸福；他帶的班級在升高中考試大獲全勝，不光在全校成績是第一，還進了全市前三名，這種勝利也是工作給人帶來的收獲。

有的人雖然覺得自己「不喜歡」某個職業，但是能夠在這個行業裡堅持下去，因為他接受了艱苦的訓練，他的經驗和熟練度讓自己在這個行業中能夠收獲「勝利的快樂」，也能夠在工作中受到尊重，從而喜歡上這份工作。

相反地，我也見過許多人從年輕的時候就一直熱衷於追隨自己的興趣，在不同的職業中轉來轉去。當對某個職業的新奇感喪失之後，「熱愛」也就變得無影無蹤。他們確實嘗試了很多種可能，人生變得足夠豐富，但是他們從來沒有真正收獲過「勝利的快樂」，哪個職業都是淺嘗輒止，結果就是哪個職業都沒有做深、做精。

認真挖掘自己的一身所長

進入職場的頭幾年，與其去尋找自己的「一生所愛」，不如認真去挖掘自己的「一身所長」。人就只有一輩子，我們不能像打遊戲一樣可以另開新帳號，或是遊戲通關後再開一個二周目[1]。興趣這東西大多是一頭熱，擅長才是內心的誠實要求。找到自己擅長的事情，在上面投入精力、站穩腳跟，「進」可以轉到所需技能相近的職業，「退」可以保證自己在行業中占有一席之地，這是入職頭幾年要關注的重點。

舉一個我自己的例子。我曾經兩次轉換職業，第一份工作是大學教師，教的是新聞採訪與寫作。因為種種原因，我必須要從大學離開，這個時候我就選擇了最接近的行業，去做新聞記者，一連數年，一直做到一本綜合性新聞雜誌的主編。

後來因為媒體時代的迭代，記者轉行的很多，這時大家因為技能點不同，轉型的方向也就有所不同：善於採訪、會跟人打交道的記者會選擇去做企業公關；長於寫作、刻畫人物的記者會選擇轉型當作家或編劇；善於改寫稿件、收集資訊的編輯和記者則去做了自媒體。

如果你只有一招半式，那可能只能朝一個方向轉型。如果你三項能力都不弱，那就有三種職業可以選擇。我因為一直在研究人與人的關係，研究社會學、心理學類知識，所以在

「得到」平台開了「關係攻略」和「職場關係課」這兩門課程。我非常喜歡這個領域，所以覺得自己找到了終身熱愛的事業。

有的時候找不到自己的終身熱愛，不是因為我們迷茫多變，而可能是因為自己技能點還太少，還沒能看到未來的方向。

盡量點亮自己的技能樹

「做什麼都能做好」的聰明人是少數，大多數人時間和精力有限，未來可能還有家事、婚姻、養育子女的牽扯，最好是把每一分鐘都用在刀口上，儘早讓自己變得更強。

我大學班導師曾經在入學之後，就和我們幾個男生聊過一次，他說：「如果沒有談戀愛，也不要失落，時間如果放在鍛鍊身體和學好英語上，一定不會荒廢。緣分這事，說來就

❶ 周目：源自日語，意指玩一款遊戲通關的次數。二周目開啟時，玩家角色會繼承一周目結束時獲得的裝備、經驗、等級之類，但遊戲的流程和怪物等級會有些微改變。

來了。」找喜歡的異性如此，找熱愛的事業也是一樣。還有一點跟找對象也差不多，那就是：最終能不能找到熱愛的事業，要看一點運氣。

歷史上做著不喜歡的工作又無法解脫的人很多，比如梁武帝渴望當個高僧，但皇帝的位置把他困住了。無心插柳，主業外找到自己所長，青史留名的也有不少：宋徽宗當皇帝都亡國了，但其書法繪畫在歷史上都是超一流水準；古羅馬執政官西塞羅的主業是搞政治，把自己的命都丟了，但他的《論老年》、《論義務》反而成了經典名篇。

「多年沒找到熱愛的事業，還要不要找？」答案很簡單，那就是「任性需要本錢」。只是在各行業的初級職位上兜兜轉轉，這不叫找熱愛的事業，而是一種淺層的折騰。

齊白石一直在寫詩，他曾把很多自己寫的詩拿給專業的詩人和文學家看，有些刻薄的人就說他寫得跟《紅樓夢》裡的薛蟠風格類似，但誰也不能否認齊白石在繪畫領域的地位；喬丹曾經有一段時間暫時退役，改去打棒球，他一直很喜歡棒球，但是一年打下來，他明白了自己不擅長這件事，回到NBA重新幫公牛隊拿到冠軍。也有兩樣都擅長的人，歐陽中石就是一位書法家，同時又是著名的京劇票友和研究者，他是著名藝術家奚嘯伯的學生。

生活無憂、在業界有地位、能進能退的人，才有「繼續做喜歡的事」的本錢。

Q4

想做自由工作者，又害怕活不下去，該怎麼辦？

關鍵詞：職業規劃選擇

A

熊老師的錦囊妙計

盡量克制自己的衝動，凡事一定要三思而後行。我建議，在副業收入大於工作收入，而且能完全負擔自己和家庭支出時，再考慮自由業。一旦成了自由工作者，你的家庭成員很可能把你看作一個「不上班」的人，接孩子、輔導功課、交水電瓦斯費乃至全部的家務，都可能落在你身上。

大多數自稱「自由工作者」的人，其實都是在委婉地表達：我還沒有找到我的路。作家、畫家之類真正的自由工作者除外。

如果堅持要做自由工作者，建議以三個月為限；三個月到了，就評估一下自己的效率和收入，如果不行就趕緊回去上班，千萬別猶豫。

自由工作者，需時刻與自己的惰性搏鬥

有的人經常覺得適應不了公司，不如乾脆做自由工作者吧。我必須要說，這是人們對

「自由業」的一種誤解。

一個國家的經濟增長基本都是由各行各業的企業拉動，而不是靠私人營業的個體戶，正是因為公司這種形式效率更高，能夠逼著每個人向前走。把大家集中在辦公室裡做事，有問題立刻溝通，這八個小時內不被家裡的各種雜事打擾，這是公司對員工的約束，但同時也是對員工的保護。

一個人如果從事自由業，首先要面對的就是自己的惰性：舒服的床，穿著睡衣、拖鞋的安逸，大多數人都無法在家中保持效率。一個人只有同時擁有近乎苛刻的自律性和對事業的熱愛，才適合從事自由業。

自由工作者也是有人管的，例如專欄作家、暢銷書作者、漫畫家，他們都經常被編輯催稿。他們都是行業內的人才，但仍然需要別人幫助，才能對抗自己的拖延。

Q5

主管帶我向大主管彙報工作，怎麼做才能展現能力？

關鍵詞：團隊管理技巧

A

熊老師的錦囊妙計

建議還是要低調一點，是你的主管去跟大主管彙報工作，這件事的主角不是你。不知道大家聽過郭德綱和于謙說相聲沒有，于謙總是客客氣氣地襯托郭德綱，但是喜歡他的觀眾也非常多，甚至比喜歡郭德綱的還要多，因為他善於幫襯，為人更溫和。

顧好自己本分，將風頭留給直屬主管

直屬主管說話的時候，一定要管理好自己的表情。無論是兩人對一人的彙報，還是在多人會議上的彙報，都絕對不要有不耐煩、愁眉苦臉、嘆氣等讓人懷疑、誤解的表情出現。如果不是去報告壞消息，平靜的表情就夠了，可以偶爾微笑。

注意不要搶話。大主管看重一個人，一定不是看他多麼會展現自己的能力，而是會選擇記住那些看著順眼的人。搶話和其他想出風頭的表現都是做下屬的大忌。在直屬主管讓自己補充的時候，簡明扼要地解釋清楚，會讓直屬主管安心，也會讓大主管覺得你能力不錯。

可以展示你的記憶力。如果能夠把數字裝在腦子裡，需要的時候脫口而出，會讓主管覺得你工作上很用心。反之，如果弄錯或是說錯了數據，尤其是工作上重要的數據，會被大主管認為你工作不努力。

別打扮得太招搖，不要和日常狀態相差太多。女生可以化淡妝。太過招搖會讓你的直屬主管不是滋味，哪怕大主管是你童年的偶像或是讀書時候仰慕的人，也不要穿得太誇張去見他。在公司用力太猛，會讓周圍的人覺得你沒有見過世面。

彙報前吃好睡好。不開玩笑，喝太多水、吃太多油膩、辛辣的食物，攝入咖啡因過多，這些都會讓你不舒服。你是下屬的下屬，大主管不會多去判斷你的能力，不會問你太多的問題，但是如果你中途離開出去上廁所，或者睏得睜不開眼，那你將會同時得罪直屬主管和大主管。

彙報時衣著整潔。避免使用過量的髮膠或香水（無論主管是同性還是異性）。一些以文青自居、穿著隨便的男員工，最好穿一件有領子的休閒商務西裝（要求穿正裝或制服的部門除外）。大主管很忙，所以他們會選擇最能快速判斷一個人的方式，那就是以貌取人。

不要把「展現」這件事看得太重，彙報是日常工作，而不是配角的秀場。

Q6

工作非常忙碌，經常加班，沒時間建立業界人脈？

關鍵詞：工作成長技巧

A 熊老師的錦囊妙計

你的問題其實是由兩個問題組成的：工作非常忙碌經常加班，怎麼辦？沒辦法建立業界人脈，怎麼辦？這兩個問題如果混為一談，不要說解決問題了，就連理解你自己現在的處境都非常難。

釐清自己加班的原因

如果你的加班是因為人手不夠，兩個人的工作讓一個人做導致的，那你就要「叫苦叫累」。這不是埋怨和牢騷，要私下告訴你的主管，你做了兩個人甚至更多人的工作，短期之內還可以；但是長期來看，過多的工作量容易出現失誤，給公司造成損失，希望能把一部分工作分出去給別人，或者招聘新員工分擔工作。

你還得明白一個道理，分擔工作的同時意味著這部分成績和權力也歸對方了。如果你是一個基層管理者，因為缺人導致密集加班，就需要找你的主管申請資源。希望獲得人員編制的配額，增加一個員工，或是把一些你們部門不擅長的工作外包給乙方或外聘人員，也可以借調人手、招實習生，讓他們來分擔你和下屬們的工作。

如果你的加班是因為管理問題導致的，那就趕緊改善自己的管理模式。不同的人擅長不同的工作，把人調整到正確的職位上，裁掉最弱、最懶的人，給大家合理的獎勵，可能會改善整個流程，就沒有這麼累了。

如果你本身就在一個舉步維艱的公司，公司就靠加大你的工作量來苦苦支撐，那你現在需要的不是人脈，而是面試機會。工作太糟糕、工作類別沒有技術含量，是結交不到什麼人脈的。許多人工作了好多年，認識的人仍然很少，就是這個原因。

有的忙是由於能力、經驗不足造成，這是很多新人的困局。在這種適應工作、積累經驗的階段，活下來、學會了是第一要務。什麼「獲取業界人脈」的話，都要等以後再說。

軍隊裡有一種說法，「新兵連三個月最苦」。這不是因為老兵的日常訓練輕鬆，而是因為新兵的身體素質、能力還沒有適應高強度的訓練。職場也是如此，剛上手一份工作，別人八小時能完成的任務，你可能需要十二個小時，因為經驗少、不熟練。你必須咬緊牙關撐過這個新手期。

每個行業、每個職位的新手期都可能不同，有的可能是三個月，有的可能長達一年。醫生是高收入群體，但是他們都要經歷「住院醫師」這個痛苦的階段，雖然是醫學院畢業，但你沒有經驗，就要先值夜班，沒日沒夜，以獲取經驗。

建立人脈真正的意義

公司成長期，你跟著公司一起走上坡路，這個時候忙、累，都是正常現象，就像健身之後覺得肌肉酸痛——這是令人欣喜的痛。這個時候也不要急著說「太忙了，沒空去建立圈內人脈」。

最有用的人脈，永遠在行情最好的行業，永遠在實力最雄厚的公司。張小龍做出微信這個產品之前，他可能只是很多人通訊錄裡的一個熟人。在他把微信做成幾億人在用的產品之後，他才變成了「教父」、「大神」，才被人視為人脈。

你跟公司一起爬坡的時候，可能沒有那麼多「人脈」，但是等到公司因為你的努力一路狂飆的時候，你就成了別人眼中的人脈。

除非是關係很好的老友，否則多數人願意相助，是因為未來你也能幫上他的忙；如果是因為公司處於成長期太忙太累，那你就暫時別想人脈的事，先幫著老闆把事做成。

人脈這個詞特別抽象。摸摸你手腕上的動脈吧。首先，動脈是一條通路，血液在裡面流動；其次，這條脈一直在動。人脈和動脈很像，一個人願意把你引薦、介紹給他的熟人、朋友，這就是達成通路。你們之間要有定期的互動，有什麼動向會通報給對方。所以，你有某人的LINE、電話號碼，能把某個人叫出來聚會，不代表這個人就是你的「人脈」。

一個人願意為你的人品或能力背書，願意把你推薦給他的熟人認識，做牽線搭橋的事，定期互動，這才是「人脈」。

Q7

開會時怎麼做，才能像口才好的同事一樣妙語如珠？

關鍵詞：當眾彙報的技巧

A

熊老師的錦囊妙計

熱鬧的妙語如珠不要學。在工作會議上想讓自己更加突出，最關鍵的是做到靠得住。會議上想展現自己很可靠，要做到這四件事：

一、主管分配的任務要立刻記下來；

二、需要跟進的事情定期做好工作報告；

三、遇到疑難問題有請示；

四、主管問起來，第一時間有回應，腦子裡一直裝著自己的工作。

如果你是一個可靠的員工，完全沒必要在工作會議上妙語如珠，時間就是金錢，主管和同事沒時間聽你的單口喜劇。有就是有，做了就是做了，完成了就是完成了，失敗了就是失敗了，這些事情不會因為你優秀的表達能力而有任何改變。

如果連可靠都做不到的話，還要去學別人打趣幽默，那麼你的妙語如珠就會讓主管反感，從而變成另外一個詞——巧言令色。

妙語如珠和巧言令色只有一線之隔

孔子曾經說過，「巧言令色，鮮矣仁」。孔子一定不是嫉妒那些妙語如珠的人，而是告訴我們一個真相：如果過於追求妙語如珠，那我們關注的重點就不再是工作，不再是為自己的主管分擔，不再是為服務的機關去創造價值，而是去討一些人的歡心，這會讓我們在職場上的每個動作都走樣，日子久了，是沒有辦法成功的。

用妙語如珠去討好主管、取悅同事，那就是巧言令色，就是「不仁」了。沒有真正的本事，光是靠說俏皮話去討好主管，在主管氣悶的時候，他就會成為第一個受衝擊的人。主管很少會因為妙語如珠去提拔某個人，但同事卻可能因為巧言令色而疏遠某個人。

在工作會議上，追求妙語如珠是非常危險的。除了工作培訓，一般有四種功能型會議：分派任務、討論方案、跟進流程、總結與提高產能。這四種會議，追求的其實都是工作效率，工作時的執行力、突破力，以及提出解決方案的能力，沒有一種會議需要「妙語如珠」或是「金句連發」。

還有一個重要的知識點：真正的妙語如珠，都源自表達者本人的才華。有的人既能把每句話講得生動有趣，同時又追求語言的工整，這對他來說都是自然而然發生的。這種就是有才華的人。

才華絕對不是一兩天時間能學得來的。我們常說「腹有詩書氣自華」，一個人能說出好聽的話，不僅僅是因為他的口才厲害，更重要的是他有見識、有累積，這絕不是一天兩天能練成的。

另外，在一些扁平化的公司，你會發現人人似乎都可以妙語如珠。但是在一些層級分明的部門，你就會發現，只有主管或是主管最寵愛的員工才可以妙語如珠；其他人不是沒有這種能力，而是因為他們明白妙語如珠這件事的規則。

先做到可靠，如果還有餘力，自然就會產出金句，說出妙語。

Q8

新任主管是我的學弟，覺得彆扭該怎麼辦？

關鍵詞：應對職場落差

A 熊老師的錦囊妙計

你可能真的想多了，別說主管是學弟，就算主管是親兒子，他也是你的主管。既然接受了這份工作，工作時間就沒有什麼學長學弟，只有上級和下級。

工作中不要主動提及你們的私人關係。絕對不要用「學長」、「學弟」這樣的稱呼，而是要用某總、某處長、某主任、某科長這樣的職務稱呼。

如果別人提及你們的關係，可以打個馬虎眼。舉個例子，有同事像發現新大陸一樣來問你：「聽說某總是你的學弟呀？」這時可以用一種更平等的關係替代，「我們是校友」。如果主管是你的學長，你是學弟，那就應該說：「對，他讀書的時候就是我的上級了。」

有時候有些人嘴壞，他們會說：「你看某總，之前還是你的學弟，現在成了主管，居然就對你發號施令了。」這些看上去為你抱不平的人，有一些是傻子，但更多的是壞人。他們只是刺激你，想看看你的反應，一旦你的反應有不恭敬的地方，就會把它傳到主管的耳朵裡。

遇到挑撥你們關係的情況，你應該立刻開始稱讚主管。「某總一直都很優秀，雖然是我的學弟，但我一直覺得他會成功，給他做手下，真的能最大發揮出我的能力。」如果有第三人在場，你稱讚的話很快就能傳到主管那裡，一定不要吝嗇你對主管的稱讚。

你對主管的任何建議，都要私下溝通。因為他是你的學弟，你們是很親近的關係，你們可以一起籌劃一些事情，而且應該彼此信任，這才是這段關係最寶貴的地方。

Q9

羨慕應酬時很會說話的同事，但學不來怎麼辦？

關鍵詞：職場應酬技巧

A

熊老師的錦囊妙計

我的建議可以概括為兩句話：別去學他的妙語如珠，要去學他的人人兼顧。

跟工作相關的聚會和酒局，是把職場上的工作關係平移到了酒桌上，工作上的層級和各種關係仍然存在，所以一些規則還是要遵守。

準確評估自己的酒精耐受力

酒精的存在，又會放大每個談話者的語言和動作，還會降低個人的反應速度和反應能力，這會讓飲酒者更容易冒犯到別人，尤其是那種平時不喝酒的人。所以在這種酒局當中，首先考慮的就是自己的酒精耐受能力。

要注意「耐受能力」不等於「酒量」。因為酒量意味著喝到不省人事所需要的量，而耐受能力則是你保持正常判斷力，能夠判斷別人反應的那個量。大多數喝酒的人，都對自己喝到什麼時候開始胡說八道沒有一個正確的評估。

如果你任職的部門沒有惡性灌酒的傳統，最好就乾脆不喝酒，或者絕對不喝烈酒，這是比較安全的一種解決方案。通常來說在這種場合妙語如珠的人，不是因為上了酒桌才妙語如珠，而是他本身就具備強大的語言能力。這樣的人往往酒精耐受力比較好，能夠在飲酒之後不去冒犯別人，像是哭、損人、傻笑，非要擁抱別人和吐在別人身上等等。

如果一個人在酒桌上很受歡迎，他一定還知道對什麼人該說什麼話，這不僅是酒桌技能，還是職場上說話的通用技能。

有一句話是「臨淵羨魚，不如退而結網」，如果你在酒桌上不能做到句句詼諧，那最好的辦法不是去練酒量，學別人怎麼喝酒，而是去觀察那些酒桌上受歡迎的人在對誰恭維，跟誰開玩笑。他的那一句稱讚是如何做到巧妙而沒有冒犯別人的；他的那句自嘲，為什麼讓大家哄堂大笑，但又對他毫無厭惡感。

你還可以做一件事，那就是服務。喝完酒的人在各方面都會變得脆弱，他們可能會摔倒、會身體不適、會情緒失控，這個時候，一個幫忙遞紙巾、茶、漱口水、眼鏡布的鄰座，將會成為一個細心周到的好同事。

如果你完全不喝酒還可能接到一個重要的任務，比如送主管或幾個重要的同事回家；和喝過酒的人聊天，或許能聽到一些有意思的看法和評價。

Q10

已經離職，前老闆還要我處理工作，怎麼辦？

關鍵詞：離職糾紛處理

A 熊老師的錦囊妙計

一定要推掉。你和公司都不再受到勞動契約的保護，這對雙方都是一件高風險的事。前老闆和你的勞資關係已經解除，這時無論有沒有新工作，都不適合再介入原公司的工作。

前老闆繼續找你，不是珍惜你，而是暗藏私心。前老闆一般來說都是這個藉口：接手工作的人不行，還是跟你合作舒服。很多人被這種迷湯一灌，容易覺得「你看，沒有我你果然不行吧」，就傻傻地跑去給前任老闆做事了。

如果真的是珍惜你、看重你，為什麼你在公司的時候，他沒有開出一個好條件，爭取一個好待遇，努力挽留你呢？不留人才在前，利用別人的勞動力在後，這樣的老闆不是糊塗，而是狡猾。有勞動契約的時候他都不去認真對待你的付出，更何況是現在呢。

除非講好價格，否則趕緊推辭

如果老闆覺得非你不可，那就應該簽一份外包工作合約，這就是所謂的「先錢後酒」。

你支援一次（或者最多做一個月），就結一次勞務費。體面的老闆，有時候也會跟前下屬約好外包，但一定會早早開口，講好價格。如果前老闆不提錢的事，那就趕緊推掉好了，不然你很容易淪為給人白做工的廉價勞動力。

用現在的工作非常忙為理由來推掉前老闆的工作，是最好不過的。「我下週一到週五要到外地出差，大概得跟那邊的同事連續開會，下週可能沒法給您。」或是「抱歉，現在才看到訊息，今天都在開會。」

延遲回覆、延遲許諾、延遲交貨。前老闆就會明白你不是一個適合白做工的人。推辭的時候言辭要懇切一點，不要輕易跟前老闆撕破臉。

如果因為你的拒絕，他跟你發脾氣，也不要覺得太遺憾。因為，一般來說有這麼一個規律：打算凹別人勞動力的公司啊，基本上開不長了。

Q11

主管總是把他的工作給我做，自己清閒，怎麼辦？

關鍵詞：上下級關係

A 熊老師的錦囊妙計

其實很有可能是你想錯了，你的主管可能根本沒有「落得清閒」。職場上看自己，總覺得自己太忙；看別人，總覺得別人太閒。尤其是主管，我們總覺得自己的主管有太多空閒時間，不務正業。

其實他作為主管，本身就不應該再沉浸於簡單的工作中，應該有閒暇去學習、研究；有閒暇去拓展業界的人脈；有閒暇在他的上司面前為你們部門爭取資源。

這是一個人工作之餘的部分，你和其他下屬愈是能把他從日常工作中解放出來，他能思考的事就愈多，思考效果也就愈好；而你作為解放他的分擔者，也會得到他真誠的感激。

直屬主管把自己的任務交給你，說明他信任你。他認為你的能力能夠勝任他交辦的工作；同時你的忠誠度能夠確保這些任務的安全，交給你他很放心。

當直屬主管把自己的事交給你來做的時候，別愁眉苦臉的，這正好說明你的實力得到了對方的認可。

事情要做，功勞也要討

我的建議是事情要做，但不要埋頭苦幹不嚷嚷。不然，你的主管就會逐漸習以為常，最後主管不會覺得是你分擔了他的任務，而是會覺得「你本身就該做這麼多的事」。

你做事的時候，應該表現出「我承擔了您的任務，我比過去變得更忙了，您看是不是能給我加個幫手」的姿態。

因為沒有一個人長期負擔兩個人的工作而身體和心理都不出問題。而且一個人長期承擔各種事務性的雜事，就很難做出出色的成績。想得勛章得開坦克，不能總開彈藥車[1]。

你也可以直接告訴主管，你的工作量過大，短期之內還能拚一拚，但是長期這樣下去會出現各種各樣的錯誤，也會給主管帶來風險。主管正視了這個風險之後，就會想辦法了。比如他可能會選擇給你加薪、晉升、獎勵、培訓的機會，來犒勞你和回報你。他也可能會配一個手下、工讀生或實習生來輔助你。

[1] 這句話的大意是想做出一番成績，手上也要有資源。

如果老闆知道你壓力大，很有可能給你招一個手下。千萬別誤解，認為主管是想招一個新人來取代自己。只要有一個手下，無論是正式的還是非正式的，都是替你的工作增光添彩的事：你的履歷表上可能因此有了第一次帶團隊的經歷；你的第一個得力下屬可能由此出現；就算這個下屬不算什麼人才，他也可以為你分擔一些雜事。

而且配一個下屬給你，說明主管認可了你帶團隊的能力，這也是信任的表現。所以，主管安排下屬、給你加人手這件事，不要往負面去解讀，他這麼做就是對你工作的支持。

跟主管提及你因為分擔他的工作而承受壓力，和跟主管抱怨是完全不同的兩件事。在跟主管溝通的時候要格外注意這五個方面：

一、不要用反問句；

二、不要挖苦吐槽；

三、不要打比方；

四、不要話中有話地暗示對方；

五、不要公開跟主管提這件事。

要讓主管有時間和可能性來解決你的壓力，而不是步步緊逼，逼著他做什麼決定。

Q12

新入職，同事都比我小十幾歲，年輕人話題我不懂怎麼辦？

關鍵詞：職場社交技巧

A

熊老師的錦囊妙計

中年人的職場社交優勢，不在於一對多地主導話題。而在於當年輕人遇到麻煩時，可以去傾聽他們的煩惱，勸慰他們；在於用多過了十年日子的智慧，提出一些可靠的建議。

飯桌話題是偽愛好，是盡量不冒犯對方的那種話題，是大家互相遷就形成的話題，而不是所有人的心頭所好。比如大家都聊女團選秀類的綜藝節目，不聊男明星，很可能是因為大家互相看不慣對方喜歡的明星，萬一聊起來容易起衝突。

大可不必花時間在飯桌話題上。因為你只是在刻意討好他們，而年輕同事還未必給面子。而且，中年人的競爭力不在比後臺、比派頭和引領時髦的話題上。

將話題拉到自己擅長的領域

與其迎合他們，不如把話題拉回到你所擅長的領域上，比如健身、運動、營養搭配和天氣，這種問題同樣不容易冒犯人，又是人生各個階段都會關心和關注的。

大多數友善的同事都會遷就一下年長同事，聊一些他們喜歡的話題。這會讓飯桌上的聊天不至於尷尬——沒有人願意把自己晾在那裡，那不僅讓你不自在，也會讓所有人不自在。當同事們發現了你想聊的領域，也會方便把話題傳給你——如果只是去迎合他們，他們是無法知道你想聊什麼的。

老大哥或者知心姐姐型的中年同事，在年輕人多的部門中其實是一種特別寶貴的存在，因為他們是情緒的穩定劑。他們往往是溫和、柔軟的，在所有人暴跳如雷的時候，能夠拿出理性的態度，阻止爭吵。

中年同事話少一點，多笑一笑，可能會更受歡迎。用性格的優勢去獲得更多的盟友，這就是中年人的魅力所在。如果你的工作需要瞄準年輕人的潮流、偏好，那不妨認真學習和研究一下這個年紀的人。

Q13

辦事回來被財務人員刁難，說單據有問題不能報銷怎麼辦？

關鍵詞：應對職場流程卡關

A 熊老師的錦囊妙計

財務人員自有一套嚴謹的規章制度，但是大多數的規章制度都會允許一定程度的例外。財務人員不願意讓你破例，很可能只是因為你的職等不夠高。

你可以求助直屬主管。他比你經驗更豐富，也許有解決這個問題的方案；你是為公司辦事，也不應該讓你受損失；他的職等比你高，財務人員也許會看他的面子。

如果求助主管還是報銷不了，主管會想辦法用別的方式來給你一些補償，比如發部門獎金的時候多申請給你一點。

千萬不要隨便去跟財務人員爭吵、起衝突。很多人認為可以硬一點，嗆一下財務人員同事，讓對方覺得自己不好欺負，其實大錯特錯。只要財務人員同事遵守制度，談及企業風險，他們就是立於不敗之地的。

跟一個你不熟悉、不了解的人起衝突，在職場上是非常愚蠢的作法。財務人員部門的負責人，永遠都是老闆最信任的那一個。

而有些大企業的財務人員部門，往往塞進了很多老闆或老闆朋友的親戚，甚至還有某些長官的親戚朋友。

記得誠心求教財務人員同事。對方就是為了少擔風險、少惹麻煩，但是如果你姿態擺低一點：「完蛋了，我還有什麼別的辦法嗎？」有的時候，對方反而可能會給你指條明路。

如果財務人員這樣說，就是在幫你了：「你寫份簽呈說明情況，部門主管簽字之後，找副總裁，他只要答應了，我這裡就沒問題。」

平時對財務人員、行政甚至櫃檯，都要客客氣氣的，偶爾分享一些零食水果，有時候能從他們那裡得到非常有用的資訊。

Q14

下屬總是自我感覺良好，喜歡搶話，想挫其傲氣，又怕得罪他怎麼辦？

關鍵詞：下屬管理技巧

A 熊老師的錦囊妙計

先別著急，也許你的下屬不是為了搶你的風頭，而是為了在你面前顯示自己對某個領域持續跟進、有研究。和這種積極回應工作話題的下屬相比，對工作毫無主動性、一問三不知的下屬才是主管真正的惡夢。想讓下屬腳踏實地，變得沉穩起來，要做到問看法，不問概念。下屬喜歡搶話，如果搶著說的又都是一些行業的ABC，這就說明他還沒有形成自己的觀點。所以要就某個問題的看法來提問他：「最近行動支付領域有什麼新的動向啊？」、「這款新技術，在哪個領域可以發揮作用呢？」

這些問題如果他答不上來，就可以趁機推薦行業先端的著作和文章，下次他就會認真思考這類話題，也就不會搶話了。

問細節，不問大形勢。如果你愛聊大方向的產業動態，那下屬就可能滔滔不絕；如果你在他搶話之後立刻回到技術細節上，他也會變得更加腳踏實地。

大多數喜歡搶話、愛背教科書的人，都容易忽視工作中最紮實的那一塊，多對這個部分提問，他就會逐漸放下那些宏大的敘事，變得踏實起來。

不殺威風，只提要求。「自我感覺特別好」的人，是可以用的，要把他對自己的高期待激勵起來。從這種角度來看，「挫挫對方的傲氣」，大可不必。

如果下屬被考倒了，也不要趁機羞辱、打擊他。「多關注關注這一塊，我覺得這在未來會特別重要。」一句話其實就夠了。

對自己評價高的人，其實是容易驅策的人。把他們想要證明自己的心思變成前進的動力，他們就會表現得特別好。

Q15

主管自大愛吹噓，跟著他沒前途，想離職又下不了決心怎麼辦？

關鍵詞：應對主管缺陷

A 熊老師的錦囊妙計

別急著辭職，要不要放棄一份工作，跟主管是不是愛說芝麻綠豆大小的陳年往事、是不是喜歡自我吹噓沒有直接的關係。

反覆談論早年經歷，也許不是「自大狂」，而是健忘症。你的主管也許不是因為喜歡吹噓，而是他人到中年，各種壓力紛至沓來，對自己說過什麼、沒說過什麼都記不太清了。

把分享經驗看成有責任心的表現。你的主管上面也許還有兩層甚至三層上級長官。他不在乎企業的根本業績，而是盡可能地表現出自己在忙碌，自己在師父帶徒弟。但是他傳授經驗的方式有問題，所以就陷入了一個怪圈：他愈有責任心，你們的時間就愈被浪費掉了。

一擊必殺招：追問回憶細節、讓主管忙碌起來

追問細節。主管的回憶是常問常新、每次講都不一樣的，如果他再利用午休時間或是工作外的時間吹噓自己，那就不妨多問問他口中「神話」的技術細節，讓他傳授點經驗，讓他

說出「我是怎麼做到的」。只要有一點收穫，你聽他說話的時候就沒有那麼痛苦了。

讓主管更忙碌一點。如果你可以安排主管的日程，盡可能少給他安排專題會、腦力激盪會，把內部會議時間控制在四十分鐘到一個小時，到時間就讓下一個會議把他請走。給他「忙起來的感覺」，他在會上就可以少談很多往事。

愛自吹自擂、沉溺於往事，更重要的原因可能是主管已經落後於時代，他覺得自己跟不上時代了，不一定是自大狂。自大狂是胡亂指揮、越級指揮，否定所有人的意見，不聽別人解釋，打擊底下人的自信心。

判斷一個主管好不好，還要看他大的戰略方向對不對，願不願意栽培和重用手下，願不願意為員工的錯誤負責而不是撇清責任，給不給員工合適的待遇和上手的機會。相比之下，愛講陳年芝麻往事和吹噓當年的輝煌史，這些根本沒有那麼重要。

Q16

ＡＡ制的聚餐，我先代墊了，怎麼開口跟大家收錢？

關鍵詞：聚餐結帳技巧

A 熊老師的錦囊妙計

這種情況，當場、立刻收錢最好，千萬不要因為害羞或客氣，就「回頭再說」；有些習慣不好的人，「回頭」就永遠沒辦法說了，反倒是在一幫好人眼皮底下，他們才會把錢掏出來。服務生拿著帳單過來的時候，通常會找坐主位的人。這個時候你應該說「我先來」。「我先墊付，大家分攤」，這個表態就很明白了。

「這次我來」這句話意味著你要請客，沒有理由千萬別這麼說，除非是四五人的小聚會，輪流坐莊那種，聚會的圓桌局最好就是AA。「(帳單)給我吧！」這句話也顯得含混不清，別人不知道是什麼意思。

唱收唱付。「一千零二十四元，這個數字還滿好除的。」、「八百八十八，這間館子CP值滿高的。」看上去是評價數字或物價，但真實目的在於告訴大家，你一共墊付了多少錢，這個時候用錢習慣比較好、不願意占人便宜的人就會幫你計算了。

說出例外。「某某下半場才過來，沒吃飯，不能把他算進去。」、「某某同學帶了酒，飯錢就不算他的了。大家覺得可以嗎？」說出不收某某的錢，講明白理由，徵求大家的意見，同時也強調這個飯局的 AA 制屬性。

善用「群組分帳」。如果你覺得 APP 的支付功能有點太露骨，可以使用「群組分帳」功能，把收款請求發到群組聊天室，大家都能看到誰支付了款項——這個功能就是用來對付厚臉皮想蹭飯的人的。

出門帶行動電源是個好習慣。如果有人說手機沒電了回去再轉給你，你就立刻把行動電源給他。「要充電啊，不然待會兒叫車或者叫代駕都麻煩。」

如果有人說「網路用量沒了，回去再付」，你就立刻讓服務生提供店裡的 Wi-Fi 密碼，或者開手機熱點分享，甚至索性給他購買小金額的上網時數。現在要是誰還以網路用量沒了來當藉口，那一定是想賴掉這點小錢。

每句都是體貼，每句都不讓他跑了，這就是留餘地，但也不姑息狡猾者的作法。注意最後要安慰一下所有人：「今天真開心，老朋友聚會，吃得又舒服，以後要經常聚餐喔！」

Q17

主管讓我安排公司活動，我毫無經驗，該怎麼辦？

關鍵詞：籌辦公司活動

A

熊老師的錦囊妙計

先確定一下開不開會。在接手任務之後，你應該立刻跟主管確認，他有沒有比較正式的發言計劃。如果有的話，就算只有十個人的團隊建立（team building），也應該給他準備一支麥克風，或者吃飯前借用一間會議室。

遊玩項目的禁忌。最好事先統計，比如多少人不能玩高空活動，多少人不能玩水上活動。如果要進行風險很高的旅遊活動，比如高空活動，最好是和正規的旅遊公司合作。你只是一個監督者，不要什麼都往身上攬，把一些本來應該在預算之內的安全保障省掉，也給自己增加不必要的風險。

如果是在風景區進行，就要給大家留出遊玩的時間。如果是去某個轟趴館或休閒農場，那撲克牌、麻將和卡拉OK就已經夠大家玩的了。人只要聚在一起，就能自己找樂子。與其費盡心思設計一些小眾活動，不如好好安排大家的吃喝住行。

不要安排太小眾的活動，比如密室逃脫。你喜歡的活動未必適合每個人，想讓更多人滿意，肯定要選擇大眾一點的活動。

確定好時間、地點。比如，這次活動到底是在週末還是在工作日，在郊區還是市區。確定好交通方案。比如，是包車還是大家直接在活動地點集合。要隨著時段、路況、節假日車流做調整，路上耽擱的時間盡量少一點。

如果是在本市市內，最好不要安排住宿，因為很多人可能希望晚上結束就回家。活動地點在郊外的話，也可能有人希望連夜回家；如果需要安排夜間娛樂活動，那就安排到足夠遠的地方，比如外地，甚至是國外。

費用沒有那麼重要。因為你的選擇餘地已經沒有那麼多了，等詢價完畢，把預算範圍內的場地整理出來，請主管定奪就可以了。不要擅自請大家投票決定，除非主管說你可以這樣做。主管如果覺得不滿意，就算大家都滿意，這個任務也失敗了。這就叫「幹活不由東，累死也無功」❶。

一般的團隊建立，就是遊玩的代名詞。「開會」通常是全公司等級的標配，有三級或者更多層的關係，就會安排長官講話了。

❶ 這句話的大意是，辦事不按照上級的意思做，就算做得半死也沒有你的功勞。

Q18

和非常強勢的同事吵架，怎麼修復關係？

關鍵詞：同事關係處理

A 熊老師的錦囊妙計

大多數「氣場強大」的人，其實只是用了「碾壓策略」。他們看上去經常挑釁別人，其實是怯於真正和別人起衝突的，只要對他傳遞出「少來這套，我看透了」的意思，他可能就會收起那種試圖碾壓你的想法，認真處理和你的關係。

爭吵後如何修復關係呢？你要明白兩句話，那就是：並非所有的關係都可以修復；並非所有的關係都需要修復。

如果和你發生衝突的是對手，比如你們下個月要同時競爭一個部門經理或主任的職位，那就沒有什麼恢復關係可言，你和對方溝通之後可以做到「表面上過得去」，但很難恢復曾經的親近和友善。同時，也沒有必要和對手恢復親近的同事關係，因為你們之間的利益衝突，會讓雙方一直處於彼此防備的狀態。

如果是盟友或中立同事之間發生了爭吵，尤其是因為瑣事而爭吵，最好是儘快修復關係，不要讓對手趁機介入你們之間，或是留下不可解的仇怨。

修復關係不意味著你要道歉，道歉只會讓對方變得更加驕縱，你們從此就成了一種「撒嬌——退讓」的關係，你終歸還是吃虧了。

面對競爭對手：保持冷靜、適時稱讚對方

所以你們不僅要恢復關係，同時你要達到的目標有兩個：一個是告訴對方，「我不想繼續鬥了，免得耽誤工作」；另一個是向對方表達「我也不是好惹的，下次別惹我了」。

但是注意不要直接說出這兩句話，因為容易激怒對方，對方很可能一句話堵回來：「我可從來沒想要跟你鬥，你想多了。」

兩個人之間如果有鬥爭又要合作，誰會取得勝利呢？不是更有錢的人，也不是氣場更強的人，占優勢的一定是那個看上去更不在乎關係破裂的人。

所以當對方開始指責、發脾氣、使性子的時候，你要保持冷靜。努力「比他還凶」沒有任何意義，而且溫文爾雅的人表演暴躁易怒，一點都不像。這時候只要讓對方覺得「這傢伙不簡單，不好對付」，他就會收斂自己的脾氣，認真看待你的意見了。

還有一招很好用，那就是「稱讚——迷惑」，目的是「把不確定性留給對手」。我把這個招數詳細分析一下：

等下週一你剛見到這位同事的時候，對他微笑，在即將擦肩而過的時候，點頭致意：「哎呦，衣服（髮型）不錯哦。」不要說第二句話，腳步不停留，直接去忙你的工作。

沒有人會厭惡稱讚的，即使彼此關係不好，對方在聽到稱讚的時候，也會有一點點喜悅。但是接下來他就會仔細琢磨這句稱讚的涵義：「這傢伙什麼意思？」、「是嘲諷，還是真心的讚美？」你給出的訊息對他而言充滿了不確定。不確定、複雜的局面，是喜歡使用碾壓策略的人最害怕的東西。

他帶著不確定回到自己的座位上，而你是清楚自己在做什麼的。週一上午是每個人都疲憊而忙碌的一個時段，你在發出了稱讚之後，該幹嘛就幹嘛，神清氣爽，一上午效率都很高。而他卻在揣摩研究猜疑，一上午效率極低，可能什麼事都做不成。

這就是「把不確定性留給對手」。用「稱讚」去迷惑對方，打破僵局，比重新回到週五爭吵結束的地方，向對方道歉或要求對方道歉，都要有效率得多。

等你下午或第二天再見到他時，就會發現他的態度有所轉變，這個時候重新開口談工作，就好像週五的事情從沒有發生過，事情就這麼過去了。

他至少會明白一件事，你的情緒是他無法影響、無法控制的。「這個人不簡單，我不應該再繼續對他使用碾壓策略了，還是跟他好好相處，講道理會更好吧。」

Q19

同事很自我中心，想岔開話題又不想失禮，怎麼辦？

關鍵詞：同事相處技巧

A 熊老師的錦囊妙計

有一種人，永遠都要站在聚光燈下，如果有一刻沒有成為關注點，他們就會感到非常不安，覺得自己被拋棄了。A同事就是這種人，沒有必要專門躲開或者孤立這種人，他們往往沒什麼壞心眼兒，十之八九還有一點不恰當的熱心腸。

午休時間，如果想岔開話題，你們可以互相遞話，把話題轉給其他同事。當她說到「我家的學區宅一千多萬」的時候，你趕緊把話遞給對面的同事。

「劉姐，你家孩子是不是也升國中了？這次選校是根據什麼考量呢？」

劉姐接住話題的同時，A同事如果打斷，一下子就要得罪兩個人，如果她稍微有點眼色，就會等著劉姐說完。當然了，有些極度話多的人會完全忽視大家的感受，把話題拉回來繼續炫耀。

辦公室所在的區域大多是寸土寸金，公司的用餐區面積通常不會太大，餐桌都很小，一個人開始說話，周圍的人就只能聽著，這可能是你們不開心的根源。

你們可以出去吃幾次飯。如果A同事也跟著去，就挑一間人特別多、非常吵的餐廳，大家都得扯著嗓子說話，才能讓對面的人聽清楚。這樣不僅能少說很多話，吃得也會更快。

出去吃的時候，你們盡量坐四人桌或是二人桌，安排最悶的同事坐她對面，或者大家輪流坐她對面。當她的那些話不能對所有人說的時候，喋喋不休就沒有那麼多的價值了。

另外，你們還可以分別去不同的地方吃飯，每個人要吃的東西都不一樣，這樣她就沒辦法同時折磨大家。

還有一個絕招是「我在減肥」。如果你的同事已經去了不同的地方吃飯，你還是被A同事繼續拉著閒聊的話，就可以告訴她自己正在減肥，在座位上吃一個三明治或是一份健康餐，今天就不聊天了。

國家圖書館出版品預行編目 (CIP) 資料

識人攻略 :30 個職場實戰錦囊，晉升迅速、溝通不心累 / 熊太行著 . -- 臺北市 : 三采文化股份有限公司 , 2024.06
面 ; 公分 . -- (iLead ; 15)
ISBN 978-626-358-392-4(平裝)

1.CST: 職場成功法 2.CST: 人際關係

494.35 113005151

suncolor 三采文化

iLead 15

識人攻略

30 個職場實戰錦囊，晉升迅速、溝通不心累

作者｜熊太行
編輯二部 總編輯｜鄭微宣　責任編輯｜藍勻廷　文字編輯｜林佳慧
美術主編｜藍秀婷　封面設計｜方曉君　內頁設計｜魏子琪　校對 | 周貝桂
行銷協理｜張育珊　行銷企劃主任｜陳穎姿　版權副理｜杜曉涵

發行人｜張輝明　總編輯長｜曾雅青　發行所｜三采文化股份有限公司
地址｜ 台北市內湖區瑞光路 513 巷 33 號 8 樓
傳訊｜ TEL: (02) 8797-1234　FAX: (02) 8797-1688　網址｜ www.suncolor.com.tw
郵政劃撥｜ 帳號：14319060　戶名：三采文化股份有限公司
本版發行｜ 2024 年 6 月 28 日　定價｜ NT$450